ZEITSCHRIFT FÜR ANGEWANDTE MATHEMATIK UND MECHANIK

INGENIEURWISSENSCHAFTLICHE FORSCHUNGSARBEITEN

BAND 54 1974 HEFT 5

AUS DEM INHALT:

HAUPTAUFSÄTZE

AKADEMIE-VERLAG GMBH · BERLIN

ZAMM Bd. 54 Nr. 5 S. 213—292 Berlin, Mai 1974

M 18,—

INHALT

Hauptaufsätze Seite

Kleine Mitteilungen

Wir bitten, **Manuskriptsendungen** an folgende Anschrift zu richten:

Zeitschrift für Angewandte Mathematik und Mechanik
z. Hd. Herrn Prof. Dr. Günter Schmidt
Zentralinstitut für Mathematik und Mechanik
an der Akademie der Wissenschaften der DDR
DDR 108 Berlin, Mohrenstraße 39.

Zu den Arbeiten, die als Hauptaufsätze bestimmt sind, erbitten wir auf gesondertem Blatt eine kurze Zusammenfassung des Inhalts, nach Möglichkeit in deutscher, englischer und russischer Sprache; falls die Übersetzungen nicht geliefert werden können, ist wenigstens die Angabe spezieller Fachausdrücke in den verschiedenen Sprachen erwünscht. Ausführliche Hinweise für die Autoren, um deren strikte Berücksichtigung gebeten wird, finden sich im Anschluß an das Inhaltsverzeichnis des Jahrganges **53** (1973).

Zuschriften, welche Manuskripte und Arbeiten betreffen, deren Eingang von dem jetzigen Herausgeber Prof. Dr. H. Heinrich bestätigt worden ist, sind weiterhin an ihn unter der folgenden Anschrift zu richten:

Zeitschrift für Angewandte Mathematik und Mechanik
z. Hd. Herrn Prof. Dr.-Ing. Dr. h. c. Helmut Heinrich
DDR 8027 Dresden, Friedrich-Hegel-Str. 31.

Die Autoren erhalten von den Hauptaufsätzen 75, von den Kleinen Mitteilungen 25 Sonderdrucke ohne Berechnung, darüber hinaus bis zu 250 Sonderdrucke gegen Berechnung.

ZAMM 54, 213 – 224 (1974)

H. Iben

Ebene, kreissymmetrische Rand-Anfangswertprobleme zäher Flüssigkeiten

In dieser Arbeit wird die instationäre, ebene, kreissymmetrische Strömung einer zähen Flüssigkeit betrachtet, die sich innerhalb und auch außerhalb eines drehenden, unendlich langen Kreiszylinders ausbildet. Für beliebige Rand- und Anfangsbedingungen wird eine vollständige analytische Lösung der Geschwindigkeitsverteilung angegeben. Sechs Beispiele mit von Null verschiedener Anfangsverteilung werden näher untersucht.

In this paper the instationary, plane and circular-symmetric flow of a viscous fluid is investigated which forms itself within as well as outside a rotating and infinitely long circular cylinder. For any boundary and initial conditions a complete analytic solution of velocity distribution is given. Six examples of an initial distribution differing from zero are investigated in detail.

В этой работе рассматривается нестационарное, плоское, симметричное по кругу течение вязкой жидкости, которое образуется внутри и снаружи вращающегося, бесконечно длинного кругового цилиндра. Для любых краевых и начальных условий приводится полное аналитическое решение распределения скорости. Шесть примеров при отличном от нуля начальном распределении рассматриваются более подробно.

1. Einleitung

Ebene, instationäre Strömungsvorgänge, bei denen die zähe Flüssigkeit nahezu kreisförmige Bewegungen ausführt, beobachten wir bei einem sehr langen Kreiszylinder, der um seine Längsachse mit zeitlich veränderlicher Winkelgeschwindigkeit rotiert und der entweder mit Flüssigkeit gefüllt ist oder von der Flüssigkeit umgeben wird. Beide Randwertprobleme treten in der Technik auf.

In der Literatur [3], [5], [8], [10] werden analytische Lösungen ganz spezieller Rand-Anfangswertprobleme angegeben. In [1] wird die betreffende Aufgabe numerisch gelöst. Wir geben hier eine geschlossene analytische Lösung des Problems für beliebige Rand-Anfangsbedingungen an.

Das mathematische Modell besteht aus einem unendlich langen Kreiszylinder vom Radius a. Wir betrachten die Strömung in einer Flüssigkeitsebene senkrecht zur Zylinderachse. Bei dem ebenen, rotationssymmetrischen Problem sind die Axial- und die Radialgeschwindigkeitskomponente Null, und die verbleibende Tangentialgeschwindigkeit v hängt nur von r und t ab. Die Navier-Stokesschen Gleichungen reduzieren sich daher auf

$$\frac{v^2}{r} = \frac{1}{\varrho}\frac{\partial p}{\partial r}, \qquad \frac{\partial v}{\partial t} = \nu\left[\frac{\partial^2 v}{\partial r^2} + \frac{1}{r}\frac{\partial v}{\partial r} - \frac{v}{r^2}\right]. \tag{1}$$

Hierin sind p der Druck, ϱ die Dichte und ν die kinematische Zähigkeit.

Mit der ersten Gleichung kann p berechnet werden, wenn v aus der zweiten Gleichung (Gl.) bestimmt wurde.

Es wird die Lösung der parabolischen Differentialgleichung (Dgl.) für $v(r, t)$ gesucht, die der Anfangsbedingung

$$v(r, 0) = g(r) \tag{2}$$

genügt und die Randbedingungen des inneren oder des äußeren Randwertproblems erfüllt.

a) Unter dem inneren Rand-Anfangswertproblem verstehen wir die ebene, instationäre Strömung innerhalb des unendlich langen Kreiszylinders, $r \in [0, a]$. Die Geschwindigkeitsverteilung $v(r, t)$ hat den Randbedingungen

$$v(0, t) = 0\,, \qquad t \geqq 0 \tag{3}$$

und

$$v(a, t) = v_a(t)$$

zu genügen.

b) Mit dem äußeren Rand-Anfangswertproblem ist die ebene, instationäre Strömung außerhalb des unendlich langen Kreiszylinders gemeint, $r \in [a, \infty)$. Dafür gelten die Randbedingungen

$$v(a, t) = v_a(t) \tag{4}$$

und

$$\lim_{r\to\infty} v(r, t) = 0\,, \qquad t \geqq 0\,.$$

In dem betreffenden Definitionsintervall sei $g(r)$ eine beschränkte, stückweise stetige Funktion. Weiterhin genüge $g(r)$ der Bedingung $g(0) = 0$ im Falle des inneren Randwertproblems und $\lim_{r\to\infty} g(r) = 0$ im Falle des äußeren Randwertproblems.

Die Funktion $v_a(t)$, auch Bewegungsgesetz des Zylinders genannt, sei Originalfunktion, d. h., sie genüge den folgenden drei Bedingungen:

1. $v_a(t)$ sei in dem Intervall $0 \leqq t < \infty$ definiert und dort einschließlich ihrer Ableitungen genügend hoher Ordnung stetig, mit Ausnahme einzelner Punkte, in denen $v_a(t)$ oder ihre Ableitungen Unstetigkeitsstellen erster Art besitzen dürfen.
2. $v_a(t) = 0$ für $t < 0$.
3. $v_a(t)$ wachse nicht stärker als eine gewisse Exponentialfunktion, d. h., es existieren Konstante $M > 0$ und $s_0 \geqq 0$ (Wachstumsexponent) derart, daß für $t \in [0, \infty)$
   $$|v_a(t)| < M e^{s_0 t}$$
   gilt.

Auf die Gl. (1) für $v(r, t)$ wird die L-Transformation angewandt. Wir setzen voraus, daß v, $\frac{\partial v}{\partial r}$ und $\frac{\partial^2 v}{\partial r^2}$, als Funktionen von t betrachtet, Originalfunktionen sind. Die Bildfunktion von $v(r, t)$ ist dann

$$\chi(p, r) = \int_0^\infty e^{-pt}\, v(r, t)\, dt \tag{5}$$

mit $p = s + i\sigma$ und $Re\, p > s_0 > 0$. (Mit p bezeichnen wir im folgenden den Operator.)

Nach der Regel über die Differentiation von Originalfunktionen erhalten wir für die Dgl. der Geschwindigkeit im Operatorraum die inhomogene Besselsche Dgl.

$$L[\chi] = \frac{d^2\chi}{dr^2} + \frac{1}{r}\frac{d\chi}{dr} - \left[\left(r\sqrt{\frac{p}{\nu}}\right)^2 + 1\right]\frac{\chi}{r^2} = -\frac{g(r)}{\nu}. \tag{6}$$

(Von $\sqrt{p}$ nehmen wir den Zweig mit der Festlegung $|\arg p| < \pi$.) Das Fundamentalsystem der homogenen Dgl. $L[\chi] = 0$ bilden die modifizierte Bessel-Funktion und die modifizierte Hankel-Funktion erster Art

$$\chi_{\text{hom}} = C_1 I_1\left(r\sqrt{\frac{p}{\nu}}\right) + C_2 K_1\left(r\sqrt{\frac{p}{\nu}}\right).$$

Die allgemeine Lösung der inhomogenen Dgl. (6)

$$\chi(p, r) = -\frac{I_1\left(r\sqrt{\frac{p}{\nu}}\right)}{\nu}\int^r \xi g(\xi)\, K_1\left(\xi\sqrt{\frac{p}{\nu}}\right) d\xi + \frac{K_1\left(r\sqrt{\frac{p}{\nu}}\right)}{\nu}\int^r \xi g(\xi)\, I_1\left(\xi\sqrt{\frac{p}{\nu}}\right) d\xi + $$
$$+ C_1 I_1\left(r\sqrt{\frac{p}{\nu}}\right) + C_2 K_1\left(r\sqrt{\frac{p}{\nu}}\right), \tag{8}$$

läßt sich mit dem von Lagrange gefundenen Verfahren der Variation der Konstanten ermitteln.

C_1 und C_2 sind unabhängig von r, jedoch Funktionen von p. Sie werden durch die Randbedingungen bestimmt.

Gl. (8) ist die allgemeine Lösung des Problems im Operatorraum.

2. Das innere Rand-Anfangswertproblem

Die allgemeine Lösung der inneren Randwertaufgabe

$$\chi(p, r) = -\frac{I_1\left(r\sqrt{\frac{p}{\nu}}\right)}{\nu}\int_0^r \xi g(\xi)\, K_1\left(\xi\sqrt{\frac{p}{\nu}}\right) d\xi + \frac{K_1\left(r\sqrt{\frac{p}{\nu}}\right)}{\nu}\int_0^r \xi g(\xi)\, I_1\left(\xi\sqrt{\frac{p}{\nu}}\right) d\xi + $$
$$+ C_1 I_1\left(r\sqrt{\frac{p}{\nu}}\right) + C_2 K_1\left(r\sqrt{\frac{p}{\nu}}\right) \tag{9}$$

ist den in den Operatorraum transformierten Randbedingungen

$$v(0, t) \,\substack{\cup\\\cap}\, \chi(p, 0) = 0$$

und (10)

$$v_a(t) \,\substack{\cup\\\cap}\, \chi(p, a) = f(p)$$

anzupassen.

Da $K_1\left(r\sqrt{\frac{p}{\nu}}\right)$ mit $|\arg p| < \pi$ für $r \to 0$ unbeschränkt wächst, die beiden ersten Summanden in Gl. (9) aber für $r \to 0$ verschwinden, setzen wir $C_2 = 0$, um der ersten Randbedingung zu genügen. C_1 folgt aus der zweiten Randbedingung, und im Operatorraum erhalten wir dann die Lösung

$$\chi(p, r) = \frac{K_1\left(r\sqrt{\frac{p}{\nu}}\right)}{\nu}\int_0^r \xi g(\xi)\, I_1\left(\xi\sqrt{\frac{p}{\nu}}\right) \mathrm{d}\xi + \frac{I_1\left(r\sqrt{\frac{p}{\nu}}\right)}{\nu}\int_r^a \xi g(\xi)\, K_1\left(\xi\sqrt{\frac{p}{\nu}}\right) \mathrm{d}\xi -$$

$$- \frac{I_1\left(r\sqrt{\frac{p}{\nu}}\right)}{\nu I_1\left(a\sqrt{\frac{p}{\nu}}\right)} K_1\left(a\sqrt{\frac{p}{\nu}}\right)\int_0^a \xi g(\xi)\, I_1\left(\xi\sqrt{\frac{p}{\nu}}\right) \mathrm{d}\xi + \frac{I_1\left(r\sqrt{\frac{p}{\nu}}\right)}{I_1\left(a\sqrt{\frac{p}{\nu}}\right)} f(p)\,. \tag{11}$$

Die Rücktransformation der Bildfunktion $\chi(p, r)$ in den Originalraum kann unter gewissen Voraussetzungen [11], S. 581, Satz 4 mit dem komplexen Umkehrintegral

$$v(r, t) = \frac{1}{2\pi i}\int_{b-i\infty}^{b+i\infty} \mathrm{e}^{pt} \chi(p, r)\, \mathrm{d}p \tag{12}$$

vorgenommen werden. Mit den Gln. (12) und (11) erhalten wir für die Geschwindigkeitsverteilung die Beziehung

$$v(r, t) = \frac{1}{\nu}\int_0^r \xi g(\xi) \left\{\frac{1}{2\pi i}\int_{b-i\infty}^{b+i\infty} \mathrm{e}^{pt} K_1\left(r\sqrt{\frac{p}{\nu}}\right) I_1\left(\xi\sqrt{\frac{p}{\nu}}\right) \mathrm{d}p\right\} \mathrm{d}\xi +$$

$$+ \frac{1}{\nu}\int_r^a \xi g(\xi) \left\{\frac{1}{2\pi i}\int_{b-i\infty}^{b+i\infty} \mathrm{e}^{pt} K_1\left(\xi\sqrt{\frac{p}{\nu}}\right) I_1\left(r\sqrt{\frac{p}{\nu}}\right) \mathrm{d}p\right\} \mathrm{d}\xi -$$

$$- \frac{1}{\nu}\int_0^a \xi g(\xi) \left\{\frac{1}{2\pi i}\int_{b-i\infty}^{b+i\infty} \mathrm{e}^{pt} \frac{I_1\left(r\sqrt{\frac{p}{\nu}}\right)}{I_1\left(a\sqrt{\frac{p}{\nu}}\right)} K_1\left(a\sqrt{\frac{p}{\nu}}\right) I_1\left(\xi\sqrt{\frac{p}{\nu}}\right)\right\} \mathrm{d}\xi + \frac{1}{2\pi i}\int_{b-i\infty}^{b+i\infty} \mathrm{e}^{pt} \frac{I_1\left(r\sqrt{\frac{p}{\nu}}\right)}{I_1\left(a\sqrt{\frac{p}{\nu}}\right)} f(p)\, \mathrm{d}p\,. \tag{13}$$

Das Vertauschen der Integrationsreihenfolge innerhalb der ersten drei Summanden ist erlaubt, denn durch direktes Ausrechnen zeigen wir, daß die komplexen Umkehrintegrale bezüglich $r, \xi \in [0, a]$ gleichmäßig konvergieren. Das letzte Umkehrintegral in Gl. (13) konvergiert ebenfalls, da nach Voraussetzung $v_a(t)$ Originalfunktion ist.

Wir wenden uns nun der Lösung der einzelnen komplexen Integrale in Gl. (13) zu. Der Integrand $\mathrm{e}^{pt}\chi_1$ des ersten Umkehrintegrals[1])

$$\frac{1}{2\pi i}\int_{b-i\infty}^{b+i\infty} \mathrm{e}^{pt} K_1\left(r\sqrt{\frac{p}{\nu}}\right) I_1\left(\xi\sqrt{\frac{p}{\nu}}\right) \mathrm{d}p\,, \qquad r \geqq \xi \tag{14}$$

ist in der längs der negativen reellen Achse geschlitzten p-Ebene holomorph. In $p = 0$ befindet sich eine logarithmische Verzweigungssingularität (Stelle der Bestimmtheit des Integranden). Bezüglich des zu betrachtenden Zweiges treffen wir die Festlegung $|\arg p| < \pi$. Wir ergänzen, entsprechend Bild 1, den Integrationsweg zu einem geschlossenen Kurvenintegral. Nach dem CAUCHYschen Integralsatz ist dann

$$\frac{1}{2\pi i}\int_{b-ic}^{b+ic} \mathrm{e}^{pt}\chi_1\, \mathrm{d}p = -\frac{1}{2\pi i}\left\{\int_{C'_{R_n}} \mathrm{d}p + \int_{C''_{R_n}} \mathrm{d}p + \int_{C_\varepsilon} \mathrm{d}p + \int_{C_1} \mathrm{d}p + \int_{C_2} \mathrm{d}p\right\}. \tag{15}$$

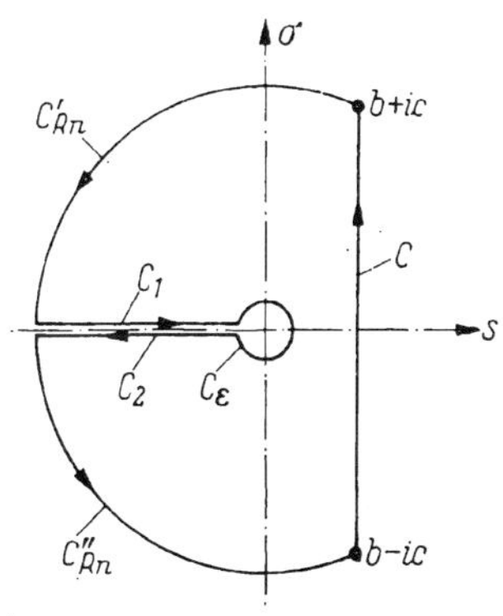

Bild 1. p-Ebene

[1]) Dem Verfasser ist nach Einreichen des Manuskriptes bekanntgeworden, daß die Lösung dieses Umkehrintegrals in den erst kürzlich erschienenen „Tables of Laplace Transforms", F. OBERHETTINGER/L. BADII, Springer-Verl. 1973 auf S. 346 13.96 enthalten ist. Für diesen Hinweis dankt der Verfasser dem Herausgeber.

Da die χ_1 auf einer gewissen Folge von Kreisbögen C'_{Rn} und C''_{Rn} mit $|p| = R_n$, $|\arg p| < \pi$ und $r \geqq \xi$ für $R_n \to \infty$ gegen Null strebt, verschwinden nach dem Jordanschen Lemma [11] für $t > 0$ die ersten beiden Integrale auf der rechten Seite der Gl. (15). χ_1 entwickeln wir in der Umgebung von $p = 0$, $|\theta| < \pi$ in

$$\chi_1 = \frac{\xi}{2r} + P(\varepsilon, \theta), \qquad (p = \varepsilon e^{i\theta}),$$

wobei $\lim\limits_{\varepsilon \to 0} P(\varepsilon, 0) = 0$ gleichmäßig bezüglich $|\theta| < \pi$ und $r, \xi \in [0, a]$ gilt. Das Integral über C_ε nimmt damit den Wert Null an. Für die Summe der beiden Integrale längs des Verzweigungsschnittes erhalten wir

$$\frac{1}{2\pi i}\int\limits_{C_1} e^{pt}\chi_1\, dp + \frac{1}{2\pi i}\int\limits_{C_2} e^{pt}\chi_1\, dp = -\frac{1}{2}\int\limits_{\varepsilon}^{R_n} e^{-st} I_1\left(r\sqrt{\frac{s}{\nu}}\right) I_1\left(\xi\sqrt{\frac{s}{\nu}}\right) ds;$$

somit folgt für das gesuchte Umkehrintegral

$$\frac{1}{2\pi i}\int\limits_{b-i\infty}^{b+i\infty} e^{pt} K_1\left(r\sqrt{\frac{p}{\nu}}\right) I_1\left(\xi\sqrt{\frac{p}{\nu}}\right) dp = \frac{1}{2}\int\limits_0^\infty e^{-st} J_1\left(r\sqrt{\frac{s}{\nu}}\right) J_1\left(\xi\sqrt{\frac{s}{\nu}}\right) ds, \qquad r \geqq \xi. \tag{16}$$

Da im zweiten Umkehrintegral der Gl. (13) $\xi \geqq r$ ist, besitzen wir bereits dessen Lösung, wenn wir in Gl. (16) nur r mit ξ vertauschen. Die ersten beiden Terme der Geschwindigkeitsverteilung (13) lassen sich somit bequem zusammenfassen:

$$\frac{1}{\nu}\int\limits_0^r \xi g(\xi)\left\{\frac{1}{2\pi i}\int\limits_{b-i\infty}^{b+i\infty} e^{pt} K_1\left(r\sqrt{\frac{p}{\nu}}\right) I_1\left(\xi\sqrt{\frac{p}{\nu}}\right) dp\right\} d\xi + \frac{1}{\nu}\int\limits_r^a \xi g(\xi)\left\{\frac{1}{2\pi i}\int\limits_{b-i\infty}^{b+i\infty} e^{pt} K_1\left(\xi\sqrt{\frac{p}{\nu}}\right) I_1\left(r\sqrt{\frac{p}{\nu}}\right) dp\right\} d\xi =$$

$$= \frac{1}{2\nu}\int\limits_0^a \xi g(\xi)\int\limits_0^\infty e^{-st} J_1\left(r\sqrt{\frac{s}{\nu}}\right) J_1\left(\xi\sqrt{\frac{s}{\nu}}\right) ds\, d\xi. \tag{17}$$

Das uneigentliche Integral in Gl. (17) konvergiert für $t \geqq 0$ gleichmäßig bezüglich $r, \xi \in [0, a]$.

Wir wenden uns nun dem dritten Umkehrintegral in Gl. (13)

$$\frac{1}{2\pi i}\int\limits_{b-i\infty}^{b+i\infty} e^{pt}\frac{I_1\left(r\sqrt{\frac{p}{\nu}}\right)}{I_1\left(a\sqrt{\frac{p}{\nu}}\right)} K_1\left(a\sqrt{\frac{p}{\nu}}\right) I_1\left(\xi\sqrt{\frac{p}{\nu}}\right) dp \tag{18}$$

zu. Der Integrand $e^{pt}\chi_3$ ist in der längs der negativen reellen Achse geschlitzten p-Ebene bis auf die Polstellen 1. Ordnung in $p_K = -\nu\left(\frac{\alpha_k}{a}\right)^2$ holomorph. Die α_k sind die Nullstellen der Bessel-Funktionen $J_1()$. Aus dem Cauchyschen Integralsatz längs des geschlossenen Integrationsweges C (Bild 2) folgt dann

$$\frac{1}{2\pi i}\int\limits_{b-ic}^{b+ic} e^{pt}\chi_3\, dp = -\frac{1}{2\pi i}\left\{\int\limits_{C'_{R_n}} dp + \int\limits_{C''_{R_n}} dp + \int\limits_{C_\varepsilon} dp + \int\limits_{C_1} dp + \int\limits_{C_2} dp + \sum_k\left[\int\limits_{\gamma_{\varepsilon k}} dp + \int\limits_{\gamma'_{\varepsilon k}} dp\right]\right\}. \tag{19}$$

C_1 ist der Weg auf dem oberen Ufer des Verzweigungsschnittes mit Ausnahme der Kreisbögen $\gamma_{\varepsilon k}$ um die Polstellen. C_2 ist der entsprechende Integrationsweg auf dem unteren Ufer des Schnittes. Durch elementare Rechnung kann gezeigt werden, daß χ_3 auf den Bögen C'_{R_n} und C''_{R_n} für $R_n \to \infty$ gleichmäßig bezüglich $|\theta| < \pi$ und $r, \xi \in [0, a]$ gegen Null strebt. Somit verschwinden für $t > 0$ die ersten beiden Integrale auf der rechten Seite der Gl. (19). Offenbar gilt in der Umgebung von $p = 0$ die Entwicklung

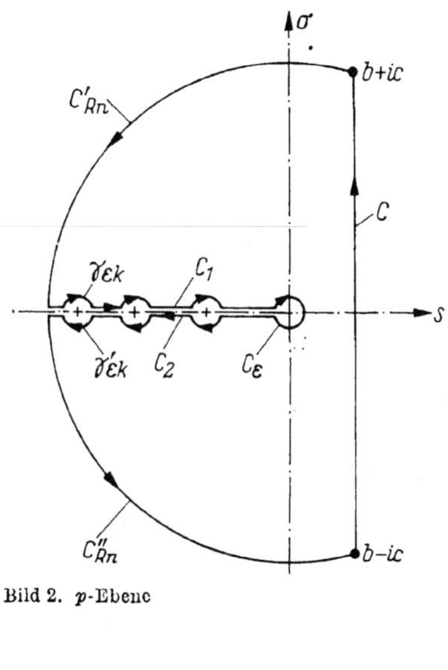

Bild 2. p-Ebene

$$\chi_3 = \frac{r\xi}{2a^2} + P(\varepsilon, \theta)$$

mit $\lim\limits_{\varepsilon \to 0} P(\varepsilon, \theta) = 0$ gleichmäßig bezüglich $|\theta| < \pi$ und $r, \xi \in [0, a]$. Damit nimmt das Integral über C_ε den Wert Null an. Die Integrale längs C_1 und C_2 lassen sich zu

$$\lim_{\substack{R_n \to \infty \\ \varepsilon \to 0}} \frac{1}{2\pi i}\left[\int\limits_{C_1} dp + \int\limits_{C_2} dp\right] = -\frac{1}{2}\int\limits_0^\infty e^{-st} J_1\left(\xi\sqrt{\frac{s}{\nu}}\right) J_1\left(r\sqrt{\frac{s}{\nu}}\right) ds \tag{20}$$

zusammenfassen.

Mit der Entwicklung der Funktion χ_3 auf dem oberen und unteren Ufer des Verzweigungsschnittes um $p = p_K = e^{\pm i\pi}\nu\left(\frac{\alpha_k}{a}\right)^2$,

$$\chi_{3\,\text{längs}\,\gamma_{\varepsilon k},\,\gamma'_{\varepsilon k}} = \frac{1}{p + \nu\left(\frac{\alpha_k}{a}\right)^2}\left[\frac{\pi\nu\alpha_k N_1(\alpha_k)}{a^2 J_0(\alpha_k)} J_1\left(\frac{\xi}{a}\alpha_k\right) J_1\left(\frac{r}{a}\alpha_k\right) + P_{\substack{o \\ U}}(\varepsilon, \varphi)\right],$$

wobei $\lim\limits_{\varepsilon\to 0} \underset{U}{P_0}(\varepsilon, \varphi) = 0$ gleichmäßig bezüglich $\varphi \in \begin{matrix}[\pi, 0]\\ [0, -\pi]\end{matrix}$ und $r, \xi \in [0, a]$ gilt, erhalten wir für die Summe der Integrale längs γ_{ε_k} und γ'_{ε_k} nach kurzer Rechnung

$$\lim_{\varepsilon\to 0} \frac{1}{2\pi i}\left[\int\limits_{\gamma_{\varepsilon_k}} dp + \int\limits_{\gamma'_{\varepsilon_k}} dp\right] = \frac{2\nu}{a^2 J_0^2(\alpha_k)} J_1\left(\frac{\xi}{a}\alpha_k\right) J_1\left(\frac{r}{a}\alpha_k\right) e^{-\nu\left(\frac{\alpha_k}{a}\right)^2 t}. \tag{21}$$

Setzen wir die Gln. (20) und (21) in Gl. (19) ein, so folgt für das gesuchte Umkehrintegral (18)

$$\frac{1}{2\pi i}\int\limits_{b-i\infty}^{b+i\infty} e^{pt}\frac{I_1\left(r\sqrt{\frac{p}{\nu}}\right)}{I_1\left(a\sqrt{\frac{p}{\nu}}\right)} K_1\left(a\sqrt{\frac{p}{\nu}}\right) I_1\left(\xi\sqrt{\frac{p}{\nu}}\right) dp = \frac{1}{2}\int\limits_0^\infty e^{-st} J_1\left(\xi\sqrt{\frac{s}{\nu}}\right) J_1\left(r\sqrt{\frac{s}{\nu}}\right) ds -$$
$$-\frac{2\nu}{a^2}\sum_{k=1}^\infty \frac{e^{-\nu\left(\frac{\alpha_k}{a}\right)^2 t}}{J_0^2(\alpha_k)} J_1\left(\frac{\xi}{a}\alpha_k\right) J_1\left(\frac{r}{a}\alpha_k\right). \tag{22}$$

Für $t > 0$ läßt sich leicht nachweisen, daß die unendliche Reihe in Gl. (22) absolut und gleichmäßig bezüglich $r, \xi \in [0, a]$ konvergiert.

Bis auf das von $f(p)$ abhängige Integral verfügen wir nun über die Lösung der Umkehrintegrale. Setzen wir die Gln. (17) und (22) in Gl. (13) ein und vertauschen im dritten Summanden die Summation mit der Integration, was erlaubt ist, so erhalten wir die folgende allgemeine Lösung für die Geschwindigkeitsverteilung der inneren Randwertaufgabe:

$$v(r, t) = \frac{2}{a^2}\sum_{k=1}^\infty e^{-\nu\left(\frac{\alpha_k}{a}\right)^2 t}\frac{J_1\left(\frac{r}{a}\alpha_k\right)}{J_0^2(\alpha_k)}\int\limits_0^a \xi g(\xi)\, J_1\left(\frac{\xi}{a}\alpha_k\right) d\xi + \frac{1}{2\pi i}\int\limits_{b-i\infty}^{b+i\infty} e^{pt}\frac{I_1\left(r\sqrt{\frac{p}{\nu}}\right)}{I_1\left(a\sqrt{\frac{p}{\nu}}\right)} f(p)\, dp\,. \tag{23}$$

Durch elementare Rechnungen kann man sich davon überzeugen, daß Gl. (23) der Dgl. (1) und den Rand-Anfangsbedingungen (3) und (2) genügt.

Für das in Gl. (23) verbliebene Umkehrintegral läßt sich die Lösung allgemein angeben, wenn wir die Bedingungen verschärfen, denen $f(p)$ bislang unterworfen war.

Die Bildfunktion $f(p)$ sei über die Gerade $Rp = s_0$ in die linke p-Ebene eindeutig analytisch fortsetzbar. Ferner gehöre $f(p)$ der Klasse der rationalen Funktionen an, die für $Rp \geqq b > 0$ holomorph sind und dessen Nennerpolynome von höherem Grade sind als die Zählerpolynome, damit $\lim\limits_{|p|\to\infty} f(p) = 0$ gleichmäßig bezüglich arg p gilt. $f(p)$ besitzt dann als Singularitäten nur Pole. Mit diesem $f(p)$ werden praktisch alle technisch wichtigen Bewegungsgesetze des Kreiszylinders erfaßt.

Unter diesen Voraussetzungen ist dann auch die Funktion

$$\chi_4 = \frac{I_1\left(r\sqrt{\frac{p}{\nu}}\right)}{I_1\left(a\sqrt{\frac{p}{\nu}}\right)} f(p)$$

in der p-Ebene eindeutig, meromorph und für $Rp \geqq b > 0$ holomorph. χ_4 besitzt neben den Polstellen der Funktion $f(p)$ noch abzählbar unendlich viele Polstellen 1. Ordnung auf der reellen negativen Achse in den Punkten $p_K = -\nu\left(\frac{\alpha_k}{a}\right)^2$, $k = 1, 2, \ldots$. Das Umkehrintegral in Gl. (23) läßt sich nun durch die Summe der Residuen über alle singulären Punkte darstellen. Damit lautet die Geschwindigkeitsverteilung der inneren Rand-Anfangswertaufgabe:

$$v(r, t) = \frac{2}{a^2}\sum_{k=1}^\infty e^{-\nu\left(\frac{\alpha_k}{a}\right)^2 t}\frac{J_1\left(\frac{r}{a}\alpha_k\right)}{J_0^2(\alpha_k)}\int\limits_0^a \xi g(\xi)\, J_1\left(\frac{\xi}{a}\alpha_k\right) d\xi + \lim_{R_n\to\infty}\sum_{(C_{R_n})}\operatorname*{res}_{p_i}\left(e^{pt} f(p)\frac{I_1\left(r\sqrt{\frac{p}{\nu}}\right)}{I_1\left(a\sqrt{\frac{p}{\nu}}\right)}\right). \tag{24}$$

2.1. Innere Rand-Anfangswertaufgaben mit linearer Anfangsverteilung

Die in dem Kreiszylinder befindliche Flüssigkeit besitze die praktisch recht häufig vorkommende lineare Anfangsverteilung

$$g(r) = v_0\frac{r}{a}\,, \qquad r \in [0, a)\,. \tag{25}$$

Die Flüssigkeit rotiert anfänglich wie ein starrer Körper um die Zylinderachse. Die Geschwindigkeitsverteilung, in der das Bewegungsgesetz $v_a(t)$ des Zylinders noch „beliebig" vorgegeben werden kann, folgt aus Gl. (24) mit Gl. (25) zu

$$v(r,t) = -2v_0 \sum_{k=1}^{\infty} e^{-\nu\left(\frac{\alpha_k}{a}\right)^2 t} \frac{J_1\left(\frac{r}{a}\alpha_k\right)}{\alpha_k J_0(\alpha_k)} + \lim_{R_n\to\infty} \sum_{(C_{R_n})} \operatorname{res}_{p_i} \left(e^{pt} f(p) \frac{I_1\left(r\sqrt{\frac{p}{\nu}}\right)}{I_1\left(a\sqrt{\frac{p}{\nu}}\right)} \right). \tag{26}$$

Wir untersuchen drei Bewegungsgesetze des Kreiszylinders näher. Im ersten Beispiel wird die Umfangsgeschwindigkeit v_0 des Zylinders plötzlich auf den Wert Null abgebremst. Im zweiten Beispiel vollziehe sich das Abbremsen des Zylinders stetig von v_0 auf den Wert Null. Im dritten Beispiel führe der Zylinder Drehschwingungen mit der Frequenz $\omega > 0$ aus.

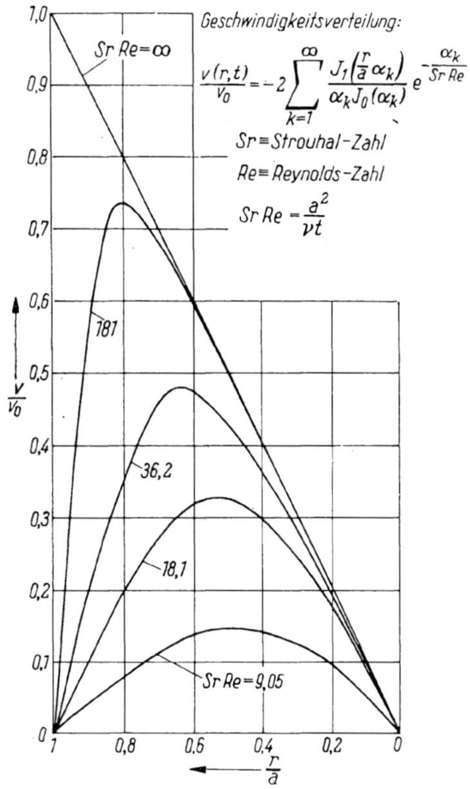

Bild 3. Der plötzlich abgebremste Kreiszylinder der inneren Randwertaufgabe

2.1.1. Der plötzlich abgebremste Kreiszylinder der inneren Randwertaufgabe

Mit dem Bewegungsgesetz des plötzlich abgebremsten Kreiszylinders

$$v_a(t) = 0\,, \qquad t \geqq 0 \tag{27}$$

erhalten wir aus Gl. (26) sofort die Geschwindigkeitsverteilung

$$v(r,t) = -2v_0 \sum_{k=1}^{\infty} e^{-\nu\left(\frac{\alpha_k}{a}\right)^2 t} \frac{J_1\left(\frac{r}{a}\alpha_k\right)}{\alpha_k J_0(\alpha_k)}\,, \tag{28}$$

die in Bild 3 dimensionslos über r/a dargestellt ist.

Parameter der Auftragung ist das Produkt von STROUHAL-Zahl Sr mit REYNOLDS-Zahl Re. Mit zunehmender Abbremsdauer, d. h. abnehmendem $Sr \cdot Re$, klingt die Bewegung rasch ab, und der Ort des Geschwindigkeitsmaximums verschiebt sich.

2.1.2. Der stetig verzögert gedrehte Kreiszylinder der inneren Randwertaufgabe

Die Umfangsgeschwindigkeit des Kreiszylinders klingt nach dem Bewegungsgesetz

$$v_a(t) = v_0\, e^{-\lambda t} \circ\!\!-\!\!\bullet \frac{v_0}{p+\lambda}\,, \qquad \lambda > 0\,, \quad \text{reell}$$

exponentiell ab. Ist $\lambda \gg 1$, dann befindet sich der Zylinder praktisch schon nach wenigen Sekunden im Stillstand. Wir setzen voraus, daß $\lambda \neq \nu\left(\frac{\alpha_k}{a}\right)^2$ ist, dann besitzt $\chi_4(p, r)$ nur Pole 1. Ordnung, und für die Geschwindigkeitsverteilung ergibt sich nach kurzer Rechnung

$$v(r,t) = v_0 \frac{J_1\left(r\sqrt{\frac{\lambda}{\nu}}\right)}{J_1\left(a\sqrt{\frac{\lambda}{\nu}}\right)} e^{-\lambda t} - 2v_0 \frac{a^2\lambda}{\nu} \sum_{k=1}^{\infty} \frac{J_1\left(\frac{r}{a}\alpha_k\right)}{\left(\frac{a^2\lambda}{\nu} - \alpha_k^2\right)\alpha_k J_0(\alpha_k)} e^{-\nu\left(\frac{\alpha_k}{a}\right)^2 t}. \tag{30}$$

2.1.3. Der Drehschwingungen ausführende Kreiszylinder der inneren Randwertaufgabe

Wir suchen die Geschwindigkeitsverteilung für das Bewegungsgesetz

$$v_a(t) = v_0 \cos(\omega t) \circ\!\!-\!\!\bullet \frac{v_0 p}{p^2+\omega^2}\,. \tag{31}$$

Beachten wir die Polstellen von $f(p)$, dann folgt für die Summe der Residuen

$$v_0 \lim_{R_n\to\infty} \sum_{(C_{R_n})} \operatorname{res}_{p_i} \left(\frac{p\, e^{pt} I_1\left(r\sqrt{\frac{p}{\nu}}\right)}{(p^2+\omega^2)\, I_1\left(a\sqrt{\frac{p}{\nu}}\right)} \right) = 2v_0 \sum_{k=1}^{\infty} \frac{\alpha_k^3 J_1\left(\frac{r}{a}\alpha_k\right)}{\left(\alpha_k^4 + \frac{a^4\omega^2}{\nu^2}\right) J_0(\alpha_k)} + v_0 R \left\{ e^{i\omega t} \frac{I_1\left(r e^{i(\pi/4)}\sqrt{\frac{\omega}{\nu}}\right)}{I_1\left(a e^{i(\pi/4)}\sqrt{\frac{\omega}{\nu}}\right)} \right\}.$$

Mit der KELVIN-Funktion

$$I_1(\cdot\, e^{i(\pi/4)}) = \mathrm{bei}_1(\cdot) - i\, \mathrm{ber}_1(\cdot)$$

erhalten wir schließlich die folgende Geschwindigkeitsverteilung für den Drehschwingungen ausführenden Kreiszylinder:

$$v(r,t) = \frac{v_0}{\mathrm{bei}_1^2\left(a\sqrt{\frac{\omega}{\nu}}\right) + \mathrm{ber}_1^2\left(a\sqrt{\frac{\omega}{\nu}}\right)} \left\{\left(\mathrm{bei}_1\left(r\sqrt{\frac{\omega}{\nu}}\right)\mathrm{bei}_1\left(a\sqrt{\frac{\omega}{\nu}}\right) + \right.\right.$$
$$+ \mathrm{ber}_1\left(r\sqrt{\frac{\omega}{\nu}}\right)\mathrm{ber}_1\left(a\sqrt{\frac{\omega}{\nu}}\right)\right)\cos(\omega t) + \left(\mathrm{ber}_1\left(r\sqrt{\frac{\omega}{\nu}}\right)\mathrm{bei}_1\left(a\sqrt{\frac{\omega}{\nu}}\right) -$$
$$\left.\left. - \mathrm{bei}_1\left(r\sqrt{\frac{\omega}{\nu}}\right)\mathrm{ber}_1\left(a\sqrt{\frac{\omega}{\nu}}\right)\right)\sin(\omega t)\right\} - 2v_0\frac{a^4\omega^2}{\nu^2}\sum_{k=1}^{\infty}\frac{J_1\left(\frac{r}{a}\alpha_k\right)}{\left(\alpha_k^4 + \frac{a^4\omega^2}{\nu^2}\right)\alpha_k J_0(\alpha_k)}\, e^{-\nu\left(\frac{\alpha_k}{a}\right)^2 t}. \qquad (32)$$

3. Das äußere Rand-Anfangswertproblem

Mit Gl. (8) ergibt sich die allgemeine Lösung der äußeren Randwertaufgabe im Operatorraum

$$\chi(p,r) = \frac{1}{\nu} I_1\left(r\sqrt{\frac{p}{\nu}}\right)\int_r^{\infty}\xi g(\xi)\, K_1\left(\xi\sqrt{\frac{p}{\nu}}\right)d\xi -$$
$$-\frac{1}{\nu}K_1\left(r\sqrt{\frac{p}{\nu}}\right)\int_r^{\infty}\xi g(\xi)\, I_1\left(\xi\sqrt{\frac{p}{\nu}}\right)d\xi + C_1 I_1\left(r\sqrt{\frac{p}{\nu}}\right) + C_2 K_1\left(r\sqrt{\frac{p}{\nu}}\right), \qquad (33)$$

die jetzt den Randbedingungen (4) bzw.

$$\chi(p,a) = f(p)$$

und

$$\lim_{r\to\infty}\chi(p,r) = 0$$

anzupassen ist. Bei geeigneter Wahl von $g(\xi)$ existieren in Gl. (33) die uneigentlichen Integrale, und sie streben für $r \to \infty$ gegen Null. Die zweite Randbedingung wird erfüllt, wenn wir $C_1 = 0$ setzen. C_2 folgt dann aus der ersten Randbedingung. Mit dem Umkehrintegral (12) erhalten wir für die Geschwindigkeitsverteilung

$$v(r,t) = \frac{1}{\nu}\int_r^{\infty}\xi g(\xi)\frac{1}{2\pi i}\int_{b-i\infty}^{b+i\infty} e^{pt} I_1\left(r\sqrt{\frac{p}{\nu}}\right)K_1\left(\xi\sqrt{\frac{p}{\nu}}\right)dp\, d\xi +$$
$$+\frac{1}{\nu}\int_a^{r}\xi g(\xi)\frac{1}{2\pi i}\int_{b-i\infty}^{b+i\infty} e^{pt} K_1\left(r\sqrt{\frac{p}{\nu}}\right)I_1\left(\xi\sqrt{\frac{p}{\nu}}\right)dp\, d\xi +$$
$$-\frac{1}{\nu}\int_a^{\infty}\xi g(\xi)\frac{1}{2\pi i}\int_{b-i\infty}^{b+i\infty} e^{pt}\frac{K_1\left(r\sqrt{\frac{p}{\nu}}\right)}{K_1\left(a\sqrt{\frac{p}{\nu}}\right)}K_1\left(\xi\sqrt{\frac{p}{\nu}}\right)I_1\left(a\sqrt{\frac{p}{\nu}}\right)dp\, d\xi + \qquad (34)$$
$$+\frac{1}{2\pi i}\int_{b-i\infty}^{b+i\infty} e^{pt}\frac{K_1\left(r\sqrt{\frac{p}{\nu}}\right)}{K_1\left(a\sqrt{\frac{p}{\nu}}\right)}f(p)\, dp\,.$$

Die ersten beiden Umkehrintegrale in Gl. (34) haben wir bereits in Abschnitt 2 betrachtet. Ihre Summe ergibt

$$\frac{1}{2\nu}\int_a^{\infty}\xi g(\xi)\int_0^{\infty} e^{-st} J_1\left(r\sqrt{\frac{s}{\nu}}\right)J_1\left(\xi\sqrt{\frac{s}{\nu}}\right)ds\, d\xi\,. \qquad (35)$$

Der Integrand

$$\chi_3 = \frac{K_1\left(r\sqrt{\frac{p}{\nu}}\right)}{K_1\left(a\sqrt{\frac{p}{\nu}}\right)} K_1\left(\xi\sqrt{\frac{p}{\nu}}\right) I_1\left(a\sqrt{\frac{p}{\nu}}\right)$$

des dritten Umkehrintegrals ist eine in der längs der negativen reellen Achse geschlitzten p-Ebene eindeutige und holomorphe Funktion. χ_3 besitzt in $p = 0$ eine Stelle der Bestimmtheit mit der Entwicklung

$$\chi_3 = \frac{a^2}{2\xi r} + P(\varepsilon, \theta) \tag{36}$$

und $\lim\limits_{\varepsilon \to 0} P(\varepsilon, \theta) = 0$ gleichmäßig bezüglich $|\theta| < \pi$. Wir ergänzen den Integrationsweg des dritten Umkehrintegrals entsprechend Bild 1 zu dem geschlossenen Weg C. In Gl. (15) haben wir dann nur χ_1 durch χ_3 zu ersetzen. Offenbar streben die Integrale über die Kreisbögen C'_{Rn} und C''_{Rn} für $t > 0$ und $\xi \geqq r \geqq a$ mit $R_n \to \infty$ gleichmäßig bezüglich $\arg p$ gegen Null. Mit der Entwicklung (36) nimmt das Integral über C_ε den Wert Null an. Das gesuchte Umkehrintegral ist somit gleich der negativen Summe der längs der beiden Ufer C_1 und C_2 erstreckten Integrale.

Die Rechnung ergibt schließlich

$$\frac{1}{2\pi i}\int\limits_{b-i\infty}^{b+i\infty} e^{pt}\frac{K_1\left(r\sqrt{\frac{p}{\nu}}\right)}{K_1\left(a\sqrt{\frac{p}{\nu}}\right)} K_1\left(\xi\sqrt{\frac{p}{\nu}}\right) I_1\left(a\sqrt{\frac{p}{\nu}}\right) dp$$

$$= \frac{1}{2}\int\limits_0^\infty \frac{e^{-st} J_1\left(a\sqrt{\frac{s}{\nu}}\right)}{J_1^2\left(a\sqrt{\frac{s}{\nu}}\right) + N_1^2\left(a\sqrt{\frac{s}{\nu}}\right)} \left\{\left[J_1\left(r\sqrt{\frac{s}{\nu}}\right) N_1\left(a\sqrt{\frac{s}{\nu}}\right) - J_1\left(a\sqrt{\frac{s}{\nu}}\right) N_1\left(r\sqrt{\frac{s}{\nu}}\right)\right] N_1\left(\xi\sqrt{\frac{s}{\nu}}\right) + \right.$$

$$\left. + \left[J_1\left(r\sqrt{\frac{s}{\nu}}\right) J_1\left(a\sqrt{\frac{s}{\nu}}\right) + N_1\left(r\sqrt{\frac{s}{\nu}}\right) N_1\left(a\sqrt{\frac{s}{\nu}}\right)\right] J_1\left(\xi\sqrt{\frac{s}{\nu}}\right)\right\} ds\,. \tag{37}$$

In den Beziehungen (35) und (37) substituieren wir $s = \left(\frac{x}{a}\right)^2 \nu$ und setzen sie in Gl. (34) ein. Für die Geschwindigkeitsverteilung der äußeren Rand-Anfangswertaufgabe erhalten wir dann:

$$v(r,t) = \frac{1}{a^2}\int\limits_0^\infty \frac{x\, e^{-\nu\left(\frac{x}{a}\right)^2 t}}{J_1^2(x) + N_1^2(x)}\left[J_1(x)\, N_1\left(\frac{r}{a}x\right) - N_1(x)\, J_1\left(\frac{r}{a}x\right)\right] \int\limits_a^\infty \xi g(\xi)\left[J_1(x)\, N_1\left(\frac{x}{a}\xi\right) - \right.$$

$$\left. - N_1(x)\, J_1\left(\frac{x}{a}\xi\right)\right] d\xi\, dx + \frac{1}{2\pi i}\int\limits_{b-i\infty}^{b+i\infty} e^{pt} f(p) \frac{K_1\left(r\sqrt{\frac{p}{\nu}}\right)}{K_1\left(a\sqrt{\frac{p}{\nu}}\right)} dp\,. \tag{38}$$

Wie bei der inneren Randwertaufgabe (24) geben wir auch hier für das in Gl. (38) verbliebene Umkehrintegral eine allgemeine Lösung an. Mit den in Abschnitt 2 für $f(p)$ getroffenen Annahmen ist

$$\chi_4(p, r) = f(p)\frac{K_1\left(r\sqrt{\frac{p}{\nu}}\right)}{K_1\left(a\sqrt{\frac{p}{\nu}}\right)}$$

in der längs der negativen reellen Achse geschlitzten p-Ebene eine eindeutige meromorphe Funktion ($|\arg p| < \pi$). Besitzt $f(p)$ in $p = 0$ einen Pol der Ordnung $m \geqq 1$, so zerlegen wir

$$f(p) = \frac{f^*(p)}{p^m}, \quad m \text{ ganzzahlig}$$

und entsprechend

$$\chi_4(p, r) = \frac{1}{p^m} f^*(p) \frac{K_1\left(r\sqrt{\frac{p}{\nu}}\right)}{K_1\left(a\sqrt{\frac{p}{\nu}}\right)} = \frac{1}{p^m} \chi_4^*(p, r).$$

Ist $F(t) \circ\!\!-\!\!\bullet\, \chi_4(p, r)$ und $F^*(t) \circ\!\!-\!\!\bullet\, \chi_4^*(p, r)$, so folgt bekanntlich nach dem Faltungssatz von E. Borel

$$\frac{1}{p^m} \chi_4^*(p, r) \bullet\!\!-\!\!\circ \int_0^t F^*(\tau) \frac{(t-\tau)^{m-1}}{(m-1)!} d\tau \tag{39}$$

mit

$$F^*(t) = \frac{1}{2\pi i} \int_{b-i\infty}^{b+i\infty} e^{pt} f^*(p) \frac{K_1\left(r\sqrt{\frac{p}{\nu}}\right)}{K_1\left(a\sqrt{\frac{p}{\nu}}\right)} dp. \tag{40}$$

Auf Grund der getroffenen Voraussetzungen bezüglich $f^*(p)$ kann die Lösung des Umkehrintegrals (40) leicht angegeben werden. Besitzt $f^*(p)$ keine Pole auf der negativen reellen Achse, so ergibt die Rechnung für $m \geqq 1$

$$\frac{1}{2\pi i} \int_{b-i\infty}^{b+i\infty} e^{pt} f(p) \frac{K_1\left(r\sqrt{\frac{p}{\nu}}\right)}{K_1\left(a\sqrt{\frac{p}{\nu}}\right)} dp = \frac{2\nu}{a^2\pi} \int_0^t \frac{(t-\tau)^{m-1}}{(m-1)!} \left[\int_0^\infty \frac{x f^*\left(-\nu\left(\frac{x}{a}\right)^2\right) e^{-\nu\left(\frac{x}{a}\right)^2 t}}{J_1^2(x) + N_1^2(x)} \times \right.$$

$$\left. \times \left(J_1(x) N_1\left(\frac{r}{a} x\right) - J_1\left(\frac{r}{a} x\right) N_1(x)\right) dx + \lim_{R_n \to \infty} \sum_{(C_{R_n})\, p_i} \operatorname{res} \left\{ e^{p\tau} f^*(p) \frac{K_1\left(r\sqrt{\frac{p}{\nu}}\right)}{K_1\left(a\sqrt{\frac{p}{\nu}}\right)} \right\} \right] d\tau \tag{41}$$

und für $m = 0$, d. h. $f^*(p) = f(p)$

$$\frac{1}{2\pi i} \int_{b-i\infty}^{b+i\infty} e^{pt} f(p) \frac{K_1\left(r\sqrt{\frac{p}{\nu}}\right)}{K_1\left(a\sqrt{\frac{p}{\nu}}\right)} dp = \frac{2\nu}{a^2\pi} \int_0^\infty \frac{x f\left(-\nu\left(\frac{x}{a}\right)^2\right) e^{-\nu\left(\frac{x}{a}\right)^2 t}}{J_1^2(x) + N_1^2(x)} \times$$

$$\times \left(J_1(x) N_1\left(\frac{r}{a} x\right) - J_1\left(\frac{r}{a} x\right) N_1(x)\right) dx + \lim_{R_n \to \infty} \sum_{(C_{R_n})\, p_i} \operatorname{res} \left\{ e^{pt} f(p) \frac{K_1\left(r\sqrt{\frac{p}{\nu}}\right)}{K_1\left(a\sqrt{\frac{p}{\nu}}\right)} \right\}. \tag{42}$$

3.1. Äußere Randwertaufgaben mit hyperbolischer Anfangsverteilung

Die allgemeine Beziehung (38) für die Geschwindigkeitsverteilung im Außenraum eines instationär drehenden Kreiszylinders soll jetzt für einige praktische Beispiele explizit ausgewertet werden. Als Anfangsbedingung wählen wir die stationäre Geschwindigkeitsverteilung

$$v(r, 0) = g(r) = v_0 \frac{a}{r}, \qquad v_0 > 0, \qquad a \leqq r < \infty. \tag{43}$$

Aus Gl. (38) folgt dann für die Geschwindigkeitsverteilung bei noch „beliebig" vorgebbarem Bewegungsgesetz des Kreiszylinders

$$v(r, t) = \frac{2v_0}{\pi} \int_0^\infty \frac{J_1(x) N_1\left(\frac{r}{a} x\right) - J_1\left(\frac{r}{a} x\right) N_1(x)}{x[J_1^2(x) + N_1^2(x)]} e^{-\nu\left(\frac{x}{a}\right)^2 t} dx + \frac{1}{2\pi i} \int_{b-i\infty}^{b+i\infty} e^{pt} \frac{K_1\left(r\sqrt{\frac{p}{\nu}}\right)}{K_1\left(a\sqrt{\frac{p}{\nu}}\right)} f(p)\, dp. \tag{44}$$

Wir geben nun die Geschwindigkeitsverteilung für drei Bewegungsgesetze des Kreiszylinders an.

3.1.1. Der plötzlich abgebremste Kreiszylinder der äußeren Randwertaufgabe

Mit dem Bewegungsgesetz

$$v_a(t) = 0\,, \qquad t > 0 \tag{45}$$

ergibt sich aus Gl. (44) sofort die gesuchte Geschwindigkeitsverteilung

$$v(r,t) = \frac{2v_0}{\pi}\int\limits_0^\infty \frac{J_1(x)\,N_1\left(\frac{r}{a}x\right) - N_1(x)\,J_1\left(\frac{r}{a}x\right)}{x[J_1^2(x) + N_1^2(x)]}\,\mathrm{e}^{-\nu\left(\frac{x}{a}\right)^2 t}\,\mathrm{d}x\,. \tag{46}$$

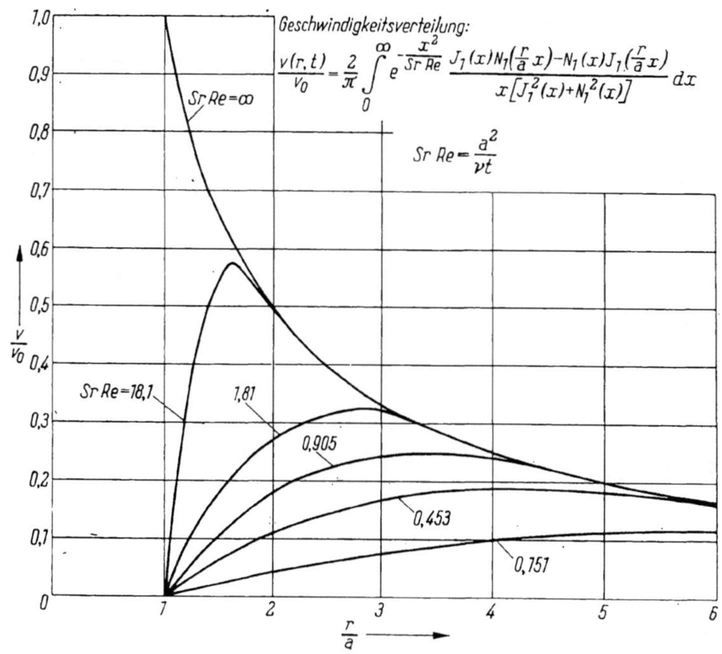

Bild 4. Der plötzlich abgebremste Kreiszylinder der äußeren Randwertaufgabe

Bild 4 zeigt die Auswertung der Gl. (46). Parameter der Auftragung ist wieder das Kennzahlprodukt $Sr \cdot Re$. Das uneigentliche Integral wurde auf der Rechenanlage CDC 1604 berechnet.

3.1.2. Der stetig verzögert gedrehte Kreiszylinder der äußeren Randwertaufgabe

Das Bewegungsgesetz lautet jetzt

$$v_a(t) = v_0 \mathrm{e}^{-\lambda t}\,, \qquad \lambda > 0\,, \quad \text{reell} \tag{47}$$

und danach ist

$$f(p) = \frac{v_0}{p + \lambda}.$$

$f(p)$ ist holomorph bis auf einen Pol 1. Ordnung in $p = -\lambda$. In der Lösung für das Umkehrintegral

$$\frac{v_0}{2\pi i}\int\limits_{b-i\infty}^{b+i\infty} \frac{\mathrm{e}^{pt}}{p+\lambda}\,\frac{K_1\left(r\sqrt{\frac{p}{\nu}}\right)}{K_1\left(a\sqrt{\frac{p}{\nu}}\right)}\,\mathrm{d}p$$

entfällt auf der rechten Seite der Gl. (42) die Summe über die Residuen, dafür treten aber zum ersten Term noch zwei weitere hinzu, die von dem Pol in $p = -\lambda$ stammen. Die Rechnung ergibt für die Geschwindigkeitsverteilung des stetig verzögert gedrehten Kreiszylinders

$$v(r, t) = v_0\, e^{-\lambda t} \frac{J_1\left(r\sqrt{\frac{\lambda}{\nu}}\right) J_1\left(a\sqrt{\frac{\lambda}{\nu}}\right) + N_1\left(r\sqrt{\frac{\lambda}{\nu}}\right) N_1\left(a\sqrt{\frac{\lambda}{\nu}}\right)}{J_1^2\left(a\sqrt{\frac{\lambda}{\nu}}\right) + N_1^2\left(a\sqrt{\frac{\lambda}{\nu}}\right)} +$$

$$+ \frac{2 v_0 a^2 \lambda}{\pi \nu} \int_0^\infty \frac{e^{-\nu\left(\frac{x}{a}\right)^2 t}}{x\left(\frac{\lambda a^2}{\nu} - x^2\right)} \frac{J_1(x)\, N_1\left(\frac{r}{a} x\right) - J_1\left(\frac{r}{a} x\right) N_1(x)}{J_1^2(x) + N_1^2(x)}\, dx\,. \tag{48}$$

3.1.3. Der Drehschwingungen ausführende Kreiszylinder der äußeren Randwertaufgabe

Wir geben das Bewegungsgesetz

$$v_a(t) = v_0 \cos(\omega t)\,, \qquad \omega > 0 \tag{49}$$

vor. Im Operatorraum ist dann

$$f(p) = \frac{v_0 p}{p^2 + \omega^2}$$

holomorph bis auf die Pole 1. Ordnung in $p = \pm\, i\omega$.

Die Lösung des in der Geschwindigkeitsverteilung (44) verbleibenden Umkehrintegrals wird durch Gl. (42) dargestellt. Mit

$$\lim_{R_n \to \infty} \sum_{(C_{R_n})} \operatorname*{res}_{p_i} \left\{ e^{pt} \frac{p v_0}{p^2 + \omega^2} \frac{K_1\left(r\sqrt{\frac{p}{\nu}}\right)}{K_1\left(a\sqrt{\frac{p}{\nu}}\right)} \right\} = v_0 R \left\{ e^{i\omega t} \frac{K_1\left(r e^{(i\pi/4)} \sqrt{\frac{p}{\nu}}\right)}{K_1\left(a e^{i(\pi/4)} \sqrt{\frac{p}{\nu}}\right)} \right\}.$$

und der KELVIN-Funktion nach [14]

$$K_1(\bullet\, e^{i(\pi/4)}) = -\operatorname{kei}_1(\bullet) + i \operatorname{ker}_1(\bullet)\,,$$

erhalten wir schließlich für die Geschwindigkeitsverteilung

$$v(r, t) = \frac{v_0}{\operatorname{kei}_1^2\left(a\sqrt{\frac{\omega}{\nu}}\right) + \operatorname{ker}_1^2\left(a\sqrt{\frac{\omega}{\nu}}\right)} \left\{ \left[\operatorname{kei}_1\left(r\sqrt{\frac{\omega}{\nu}}\right) \operatorname{kei}_1\left(a\sqrt{\frac{\omega}{\nu}}\right) + \right.\right.$$

$$\left. + \operatorname{ker}_1\left(r\sqrt{\frac{\omega}{\nu}}\right) \operatorname{ker}_1\left(a\sqrt{\frac{\omega}{\nu}}\right) \right] \cos(\omega t) -$$

$$\left. - \left[\operatorname{kei}_1\left(r\sqrt{\frac{\omega}{\nu}}\right) \operatorname{ker}_1\left(a\sqrt{\frac{\omega}{\nu}}\right) - \operatorname{ker}_1\left(r\sqrt{\frac{\omega}{\nu}}\right) \operatorname{kei}_1\left(a\sqrt{\frac{\omega}{\nu}}\right) \right] \sin(\omega t) \right\} +$$

$$+ \frac{2 v_0 a^4 \omega^2}{\pi \nu^2} \int_0^\infty \frac{e^{-\nu\left(\frac{x}{a}\right)^2 t}}{x\left[x^4 + a^4\left(\frac{\omega}{\nu}\right)^2\right]} \frac{J_1(x)\, N_1\left(\frac{r}{a} x\right) - J_1\left(\frac{r}{a} x\right) N_1(x)}{[J_1^2(x) + N_1^2(x)]}\, dx\,. \tag{50}$$

Literaturverzeichnis

1 ALBRING, W., Angewandte Strömungslehre, 4. Aufl., Verl. Theodor Steinkopff, Dresden.

2 BATEMAN, H., and ERDELYI, A., Table of integral transforms, Vol. 1, McGraw-Hill Book Company, 1954.

3 BERKER, R., Mouvement d'un fluide visqueuy incompressible, Handbuch der Physik Bd. VIII/2, Strömungsm., Springer Verl., 1959.

4 BRETHERTON, F. P., The time-dependent motion due to a cylinder moving in an unbounded rotating or stratified fluid, J. Fluid Mech. **28** (1967).

5 CROSSLEY, A. F., On the motion of a rotating circular cylinder filled with viscous fluid, Proc. Cambridge Phil. Soc. **24** (1928).

6 ДИТКИН, В. А., ПРУДНИКОВ, А. П., Интегральные преобразования и операционное исчисление, Госуд. Издательство, Москва 1961.

7 Градштеин, И. С., Рыжик, И. М., Таблицы интегралов, сумм, рядов и произведений, Москва 1972.
8 Greenspan, H. P., The theory of rotating fluids, C. U. P., 1968.
9 Magnus, W. und Oberhettinger, F., Formeln und Sätze für die speziellen Funktionen der mathematischen Physik, Springer Verl. 1943.
10 Müller, W., Einführung in die Theorie der zähen Flüssigkeiten, Akad. Verlagsgesellsch., Leipzig 1932.
11 Schabat, B. W. u. Lawrentjew, M. A., Methoden der komplexen Funktionentheorie, Deutscher Verl. d. Wissensch., Berlin 1967.
12 Sibulkin, M., Unsteady, viscous, circular flow, Part 1, The line impulse of angular momentum, J. Fluid Mech. **11**, 291 (1961).
13 Wedemeyer, E. H., The unsteady flow within a spinning cylinder, J. of Fluid Mech. **20** (1964).
14 Young, A. und Kirk, A., Bessel Functions, part IV, Kelvin Functions, University Press, Cambridge 1964.

Eingereicht am 18. 9. 1972 (revid. Fassung: 24. 7. 1973)

Anschrift: Doz. Dr.-Ing. Hans Iben, 301 Magdeburg, Karl-Marx-Str. 25, DDR

ZAMM 54, 225 – 232 (1974)

M. NAYAK / R. J. SRINIVASAN

Stresses and Displacements under a Flexible Circular Foundation in the Presence of Friction or Adhesion

Die vorliegende Arbeit beschäftigt sich mit den Spannungen und Verschiebungen an einem elastischen Halbraum unter einem kreisförmigen biegsamen Fundament, wenn an der Kontaktfläche vollkommenes Haften besteht. Das gemischte Randwertproblem wird mit Hilfe von Hankel-Transformationen auf duale Integralgleichungen vom Titchmarsh-Typ zurückgeführt. Für die Berechnung der Spannungen und Verschiebungen werden Gaußsche Quadraturformeln benutzt. Die Ergebnisse werden mit denen verglichen, die man bei glattem Fundament erhält, und der Einfluß der Poisson-Zahl auf die Spannungen und Verschiebungen wird deutlich gemacht. Schließlich werden die Ergebnisse für den praktischen Gebrauch in Diagrammen und Tabellen zusammengefaßt.

This paper deals with stresses and displacements under a flexible circular foundation resting on an elastic half-space in the presence of perfect adhesion at the contact surface. Using Hankel transforms, the mixed boundary value problem has been reduced to dual integral equations of Titchmarsh type. Computations for stresses and displacements have been performed by using Gaussian quadrature. The results have been compared with those of a smooth foundation and effect of Poisson's ratio on stresses and displacements have been clearly demonstrated. Finally, results have been presented in the form of graphs and tables for practical use.

В предлагаемой работе рассматриваются напряжения и смещения в упругом полупространстве под гибким фундаментом круглой формы, если на поверхности соприкосновения существует совершенное прилипание. С помощью перестановок Ганкеля смешанная краевая задача сводится к двойственным интегральным уравнениям типа Тиамчрша. Для определения напряжений и смещений применяются квадратурные формулы Гауса. Сравниваются результаты с результатами, полученными для гладкого фундамента. Выявляется влияние числа Пуассона на напряжения и смещения. Для практического использования результаты представлены окончательно в форме диаграмм и таблиц.

1. Introduction

Elastic stresses and displacements under a circular foundation are of considerable practical interest in soil mechanics problems. For this it is normally assumed that the contact between the foundation and the soil is frictionless. However, foundations will be mostly rough rather than smooth. GALIN [1] states that a friction coefficient of 0.5 or more is sufficient to prevent slippage in the loaded area. The actual value of friction coefficient in case of foundations on granular soils is quite close to 0.5 and, in case of clayey soils, although the friction coefficient is low, there will be some amount of adhesion between the foundation and the soil which prevents slippage at the contact surface. Hence, it is assumed in the present investigation that there is no slippage or lateral movement of soil along the contact surface. Although foundations are generally assumed as rigid, there are cases in which they have almost uniform pressure distribution at the contact surface. Also for certain structures where the primary purpose is storage, such as silos, water storage tanks, coal storage towers, oil tanks etc., foundations are made flexible so that they deform without development of cracks [2]. With this in mind, the stresses and displacements under a perfectly flexible circular foundation, resting on an elastic half-space, with perfect adhesion at the contact surface, is presented in this paper.

The contact problems related to half-plane and half-space in the presence of adhesion have received much attention recently. MUSKHELISVHILI [3] discussed the problem of a rigid stamp on the boundary of a half-plane. MOSSAKOVSKII [4] treated the problem of a circular rigid stamp on a half-space but without any numerical results. ABRAMIAN et al. [5] discussed the same problem in a more generalized way, again without any computation. ALEKSANDROV [6] gave a general analysis of the methods of solution of the contact problems of a half-plane. CONWAY et al. [7] have been able to device a numerical technique for solving any two-dimensional and three-dimensional contact problems.

In the present investigation, starting from LOVE stress functions, the equation of stresses and displacements under a perfectly flexible circular foundation, with uniform normal load over it (or same as a foundation with uniform contact pressure) and resting on an elastic half-space is obtained. Using HANKEL transforms the mixed boundary value problem has been reduced to dual integral equations of TITCHMARSH type. Finally equations of stresses and displacements are obtained in the form of infinite integrals and are evaluated by GAUSSian quadrature. Effect of POISSON's ratio on stresses and displacements has been brought out clearly and results have been compared with the no-friction case. Graphs and tables are presented for surface settlement, and vertical and radial stress distribution along the vertical axis for various POISSON's ratios, for practical use.

2. Mathematical Formulation

Basic Equations:

Using Love stress function the stress-displacement problem of a homogeneous, isotropic and linearly elastic medium due to axi-symmetric surface loading will be reduced to the solution of the following equation [8]:

$$\left(\frac{\partial^2}{\partial r^2}+\frac{1}{r}\frac{\partial}{\partial r}+\frac{\partial^2}{\partial z^2}\right)\left(\frac{\partial^2\varphi}{\partial r^2}+\frac{1}{r}\frac{\partial\varphi}{\partial r}+\frac{\partial^2\varphi}{\partial z^2}\right)=\Delta^2\Delta^2\varphi=0\,. \tag{1}$$

With this the stresses and displacements will be given by

$$\sigma_z = \frac{\partial}{\partial z}\left[(2-\mu)\,\Delta^2\varphi - \frac{\partial^2\varphi}{\partial z^2}\right], \tag{2}$$

$$\sigma_r = \frac{\partial}{\partial z}\left[\mu\,\Delta^2\varphi - \frac{\partial^2\varphi}{\partial r^2}\right], \tag{3}$$

$$\sigma_\theta = \frac{\partial}{\partial z}\left[\mu\,\Delta^2\varphi - \frac{1}{r}\frac{\partial\varphi}{\partial r}\right], \tag{4}$$

$$\tau_{rz} = \frac{\partial}{\partial r}\left[(1-\mu)\,\Delta^2\varphi - \frac{\partial^2\varphi}{\partial z^2}\right], \tag{5}$$

$$w = \frac{1+\mu}{E}\left[2\,(1-\mu)\,\Delta^2\varphi - \frac{\partial^2\varphi}{\partial z^2}\right], \tag{6}$$

$$u_r = -\frac{1+\mu}{E}\left[\frac{\partial^2\varphi}{\partial z\,\partial r}\right] \tag{7}$$

where σ_z, σ_r and σ_θ are vertical, radial and tangential stresses, τ_{rz} is the shear stress, w and u_r are vertical and radial deformations and E and μ are YOUNG's modulus and POISSON's ratio of the semi-infinite medium.

Boundary conditions:

The solution of Eq. (1) has to satisfy the following two boundary conditions:

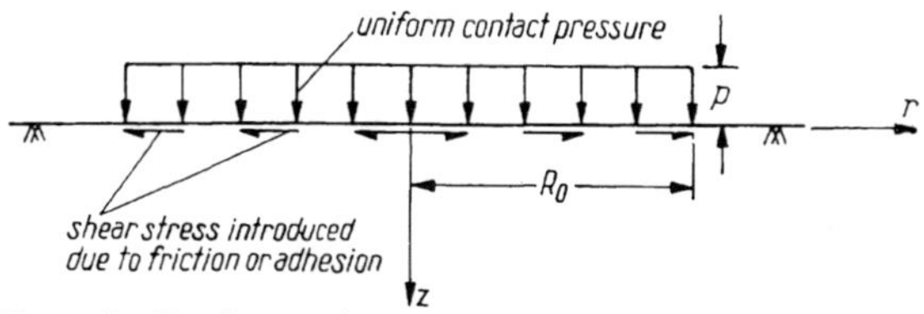

Fig. 1. Loading diagram along with cylindrical co-ordinate system

1. Everywhere within the loaded area, vertical stress, σ_z, equals the applied normal load, p, and beyond the loaded area, σ_z is zero (Fig. 1):

$$[\sigma_z]_{z=0} = \begin{cases} -p, & 0 < r < R_0 \\ 0, & r > R_0 \end{cases} \tag{8}$$

in which R_0 is the radius of the loaded area.

2. The adhesion at the contact surface is perfect; i.e. the radial displacement along the contact surface is zero. Beyond the loaded area the surface is free from traction and hence shear stress is zero. Thus

$$[u_r]_{z=0} = 0, \quad 0 < r < R_0, \quad [\tau_{rz}]_{z=0} = 0, \quad r > R_0\,. \tag{9}$$

3. Solution

Reduction of the mixed boundary value problem to dual integral equations:

Using HANKEL transforms and following SNEDDON [9] Eqs. (2) through (7) become

$$\sigma_z = \int_0^\infty \eta^3 \exp(-\eta z)\,[\eta A + (1 - 2\mu + \eta z)\,B]\,J_0(\eta r)\,d\eta\,, \tag{10}$$

$$\sigma_r = \int_0^\infty \eta^3 \exp(-\eta z)\,[-\eta A + (1 + 2\mu - \eta z)\,B]\,J_0(\eta r)\,d\eta + {} + \frac{1}{r}\int_0^\infty \eta^2 \exp(-\eta z)\,[\eta A + (-1 + \eta z)\,B]\,J_1(\eta r)\,d\eta\,, \tag{11}$$

$$\sigma_\theta = 2\mu \int_0^\infty B\,\eta^3 \exp(-\eta z)\,J_0(\eta r)\,d\eta - {} - \frac{1}{r}\int_0^\infty \eta^2 \exp(-\eta z)\,[\eta A + (-1 + \eta z)\,B]\,J_1(\eta r)\,d\eta\,, \tag{12}$$

$$\tau_{rz} = \int_0^\infty \eta^3 \exp(-\eta z)\,[\eta A + (-2\mu + \eta z)\,B]\,J_1(\eta r)\,d\eta\,, \tag{13}$$

$$w = -\frac{1+\mu}{E}\int_0^\infty \eta^2 \exp(-\eta z)\,[\eta A + (2 - 4\mu + \eta z)\,B]\,J_0(\eta r)\,d\eta\,, \tag{14}$$

$$u_r = \frac{1+\mu}{E}\int_0^\infty \eta^2 \exp(-\eta z)\,[-\eta A + (1 - \eta z)\,B]\,J_1(\eta r)\,d\eta\,, \tag{15}$$

where, A and B are constants to be determined from boundary conditions and $J_n(x)$ denotes BESSEL function of order n of the real argument x.

For satisfying the first boundary condition Eq. (10) is inverted first, and then z is set to zero, giving

$$\eta^2 [\eta A + (1 - 2\mu) B] = \int_0^\infty r[\sigma_z]_{z=0} J_0(\eta r)\, dr = -p R_0 \frac{J_1(\eta R_0)}{\eta}$$

or

$$B = \left[-p R_0 \frac{J_1(\eta R_0)}{\eta^3} - \eta A\right](1 - 2\mu)^{-1}. \tag{16}$$

Setting $z = 0$ in Eqs. (15) and (13), substituting for B from Eq. (16) and using WEBER-SCHAFHEITLIN type integrals [10], the second boundary condition yields

$$\int_0^\infty \eta^3 A J_1(\eta r)\, d\eta = -\frac{p}{4(1-\mu)} r, \qquad 0 < r < R_0, \tag{17}$$

$$\int_0^\infty \eta^4 A J_1(\eta r)\, d\eta = -p\mu \frac{R_0^2}{r^2} {}_2F_1\left(\frac{3}{2}, \frac{1}{2}; 2; \frac{R_0^2}{r^2}\right), \qquad r > R_0, \tag{18}$$

where, ${}_2F_1$ denotes GAUSS hypergeometric series.

Letting

$$R = \frac{r}{R_0}, \; u = \eta R_0, \; A(u) = \eta^4 A. \tag{19}$$

Eqs. (17) and (18) reduce to

$$\int_0^\infty u^{-1} A(u) J_1(uR)\, du = F(R), \qquad 0 < R < 1, \tag{20}$$

$$\int_0^\infty A(u) J_1(uR)\, du = G(R), \qquad R > 1, \tag{21}$$

where

$$F(R) = -\frac{p R_0^5}{4(1-\mu)} R, \qquad G(R) = -\frac{\mu p R_0^5}{R^2} {}_2F_1\left(\frac{3}{2}, \frac{1}{2}; 2; \frac{1}{R^2}\right). \tag{22}$$

Eqs. (20) and (21) are dual integral equations of TITCHMARSH type.

Solution of the dual integral equations:

The solution of the above dual integral equations is [11]

$$A(u) = \frac{\sqrt{2}\,u}{\Gamma(1/2)}\left[u^{1/2} J_{1/2}(u) \int_0^1 \frac{x^2}{(1-x^2)^{1/2}} F(x)\, dx + \right.$$
$$\left. + \int_0^1 \frac{x^2}{(1-x^2)^{1/2}} \left(\int_0^1 u^{3/2} t^{3/2} J_{3/2}(ut) F(xt)\, dt\right) dx\right] +$$
$$+ \frac{\sqrt{2}\,u^{2/3}}{\Gamma(1/2)} \int_1^\infty t^{3/2} J_{1/2}(ut) \left[\int_1^\infty \frac{G(xt)}{(x^2-1)^{1/2}}\, dx\right] dt. \tag{23}$$

Integrating term by term for $G(xt)$, $A(u)$ can be written as

$$A(u) = -\frac{p R_0^5}{\pi} f(u) \tag{24}$$

where,

$$f(u) = \frac{f_1(u)}{1-u} + \mu u f_2(u), \tag{25}$$

$$f_1(u) = \frac{\sin u}{u} - \cos u, \tag{26}$$

$$f_2(u) = S_1(u) \sin u + S_2(u)\, u \cos u + [2\pi - 4\, S_i(u)] \frac{J_1(u)}{u}, \tag{27}$$

$$S_1(u) = \sum_{m=1}^{\infty} (-1)^{m+1} u^{2(m-1)} \sum_{n=1}^{\infty} \frac{(2n-1)!}{(m+n)!\,(m+n-1)!\,2^{2m+2n-3}}, \tag{28}$$

$$S_2(u) = \sum_{m=1}^{\infty} (-1)^{m+1} u^{2(m-1)} \sum_{n=1}^{\infty} \frac{(2n-2)!}{(m+n)!\,(m+n-1)!\,2^{2m+2n-3}} \tag{29}$$

and $S_i(u)$ is the sine integral defined by

$$S_i(u) = \int_0^1 \frac{\sin(u\,t)}{t}\, dt. \tag{30}$$

Final expressions for stresses and displacements:

For expressing stresses and displacements in nondimensional form, the following additional notations are introduced:

$$\frac{z}{R_0} = Z \tag{31}$$

$$\sigma_z = -p\, I_z,\ \sigma_r = p\, I_r,\ \sigma_\theta = p\, I_\theta,\ \tau_{rz} = p\, I_{rz},$$

$$w = \frac{2(1-\mu^2)\, p\, R_0}{E} I_w,\quad u_r = \frac{p\, R_0}{E} I_u \tag{32}$$

then the influence coefficients I_z to I_u will be obtained from Eqs. (10) through (15) as

$$I_z = \frac{-1}{\pi(1-2\mu)} \int_0^\infty u\, Z \exp(-u\, Z)\, J_0(u\, R)\, f(u)\, du + \\ + \int_0^\infty \left[1 + \frac{u\, Z}{1-2\mu}\right] \exp(-u\, Z)\, J_0(u\, R)\, J_1(u)\, du, \tag{33}$$

$$I_r = \frac{1}{1-2\mu}\left[\frac{1}{\pi}\int_0^\infty (2-u\, Z)\exp(-u\, Z)\, J_0(u\, R)\, f(u)\, du - \\ - \int_0^\infty (1+2\mu-u\, Z)\exp(-u\, Z)\, J_0(u\cdot R)\, J_1(u)\, du + \\ + \int_0^\infty (1-u\, Z)\exp(-u\, Z) + \frac{J_1(u\, R)\, J_1(u)}{u\, R}\, du - \\ - \frac{1}{\pi}\int_0^\infty (2-2\mu-uZ)\exp(-u\, Z)\frac{J_1(u\, R)\, f(u)}{u\, R}\, du\right], \tag{34}$$

$$I_\theta = \frac{1}{1-2\mu}\left[\frac{2\mu}{\pi}\int_0^\infty \exp(-u\, Z)\, J_0(u\, R)\, f(u)\, du - 2\mu\int_0^\infty \exp(-u\, Z)\, J_0(u\, R)\, J_1(u)\, du + \\ + \frac{1}{\pi}\int_0^\infty (2-2\mu-u\, Z)\exp(-u\, Z)\frac{J_1(u\, R)\, f(u)}{u\, R}\, du - \\ - \int_0^\infty (1-u\, Z)\exp(-u\, Z)\frac{J_1(u\, R)\, J_1(u)}{u\, R}\, du\right], \tag{35}$$

$$I_{rz} = \frac{2\mu}{1-2\mu}\int_0^\infty \left(1 - \frac{uZ}{2\mu}\right)\exp(-uZ)\, J_1(uR)\, J_1(u)\, du -$$

$$- \frac{1}{\pi(1-2\mu)}\int_0^\infty (1 - uZ)\exp(-uZ)\, J_1(uR)\, f(u)\, du\,, \tag{36}$$

$$I_w = \frac{1}{2(1-\mu)}\int_0^\infty \left[2 + \frac{uZ}{1-2\mu}\right]\exp(-uZ)\frac{J_0(uR)\, J_1(u)}{u}\, du -$$

$$- \frac{1}{2\pi(1-\mu)}\int_0^\infty \left[1 + \frac{uZ}{1-2\mu}\right]\exp(-uZ)\frac{J_0(uR)\, f(u)}{u}\, du\,, \tag{37}$$

$$I_u = (1+\mu)\left[\frac{1}{\pi}\int_0^\infty \left(1 + \frac{1-uZ}{1-2\mu}\right)\exp(-uZ)\, J_1(uR)\frac{f(u)}{u}\, du -\right.$$

$$\left. - \int_0^\infty \frac{1-uZ}{1-2\mu}\exp(-uZ)\, J_1(uR)\frac{J_1(u)}{u}\, du\right]. \tag{38}$$

The influence coefficients for shear stress at the contact surface and surface settlement are obtained after setting $Z = 0$ in equations (36) and (37) as

$$I_{rz0} = \frac{1}{1-2\mu}\int_0^\infty \left[2\mu\, J_1(u) - \frac{f(u)}{\pi}\right] J_1(uR)\, du\,, \tag{39}$$

$$I_{w0} = \frac{1}{1-\mu}\int_0^\infty \frac{2\pi J_1(u) - f(u)}{2\pi u} J_0(uR)\, du\,. \tag{40}$$

For comparing the stresses and displacements under perfectly flexible rough foundations with those of smooth foundations the expressions for influence coefficients for smooth foundations, which may be readily derived are given below:

$$I'_z = \int_0^\infty (1 + uZ)\exp(-uZ)\, J_0(uR)\, J_1(u)\, du\,, \tag{41}$$

$$I'_r = \int_0^\infty (1 - 2\mu - uZ)\exp(-uZ)\frac{J_1(uR)\, J_1(u)}{uR}\, du - \int_0^\infty (1 - uZ)\exp(-uZ)\, J_0(uR)\, J_1(u)\, R\, du \tag{42}$$

$$I'_\theta = -\int_0^\infty (1 - 2\mu - uZ)\exp(-uZ)\frac{J_1(uR)\, J_1(u)}{uR}\, du - 2\mu\int_0^\infty \exp(-uZ)\, J_0(uR)\, J_1(u)\, du\,, \tag{43}$$

$$I'_{rz} = -\int_0^\infty uZ\exp(-uZ)\, J_1(uR)\, J_1(u)\, du\,, \tag{44}$$

$$I'_w = \int_0^\infty \left[1 + \frac{uZ}{2(1-\mu)}\right]\exp(-uZ)\frac{J_0(uR)\, J_1(u)}{u}\, du\,, \tag{45}$$

$$I'_u = -(1+\mu)\int_0^\infty (1 - 2\mu - uZ)\exp(-uZ)\frac{J_1(uR)\, J_1(u)}{u}\, du\,, \tag{46}$$

$$I'_{w0} = \int_0^\infty \frac{J_0(uR)\, J_1(u)}{u}\, du = {}_2F_1\left(\frac{1}{2}, -\frac{1}{2}; 1; R^2\right), \tag{47}$$

where I'_z, I'_r, etc., denotes the influence coefficients for a smooth foundation.

4. Computation

For evaluating the infinite integrals in the expressions for stresses and displacements, numerical integration by GAUSSian quadrature [10] was used. The integrations were performed in steps, each time integrating from one zero to the next zero of the concerned function, so that alternating series (or serieses) could be obtained and EULER's method of summation could be used. Values of the function $f_2(u)$ were calculated for u values ranging from 0 to 60 at intervals of 0.5 once for all and during numerical integration LAGRANGE's method of interpolation [10] was used for obtaining $f_2(u)$ for a particular value of u.

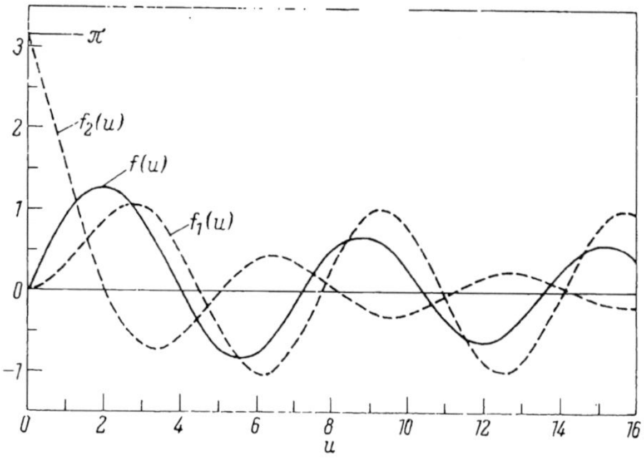

Fig. 2. The functions $f_1(u)$, $f_2(u)$ and $f(u)$

Table 1. Roots u_n of $f(u_n) = 0$

	μ					
n	0	0.1	0.2	0.3	0.4	0.5
(1)	(2)	(3)	(4)	(5)	(6)	(7)
1	0.0	0.0	0.0	0.0	0.0	0.0
2	4.493	4.329	4.145	3.980	3.870	3.832
3	7.725	7.586	7.407	7.216	7.069	7.016
4	10.904	10.781	10.610	10.408	10.239	10.173
5	14.066	13.954	13.792	13.585	13.399	13.324
6	17.221	17.118	16.962	16.754	16.554	16.471
7	20.371	20.275	20.126	19.918	19.707	19.616
8	23.520	23.429	23.286	23.078	22.858	22.760
9	26.666	26.580	26.442	26.235	26.008	25.904
10	29.812	29.730	29.596	29.390	29.157	29.047
11	32.956	32.878	32.748	32.544	32.305	32.190
12	36.101	36.026	35.899	35.696	35.451	35.331
13	39.245	39.171	39.046	38.837	38.574	38.448
14	42.388	42.315	42.192	41.978	41.692	41.562
15	45.530	45.458	45.337	45.119	44.807	44.674

Fig. 2 shows the functions $f_1(u)$, $f_2(u)$ and $f(u)$. The function $f(u)$ is a gradually decreasing alternating function. The zeros of the function $f(u)$ which are required for numerical integration were calculated and the first fifteen roots for various μ values are presented in Table 1. The zeros of $J_0(u)$ and $J_1(u)$ are readily available [10]. It is interesting to note that for higher zeros the difference between two successive zeros of $f(u)$ approaches π.

Evaluation of the function $f_2(u)$ poses a special problem as the convergence of the series for $S_1(u)$ and $S_2(u)$ is extremely poor for first few values of m [Ref. Eqs. (28) and (29)]. This difficulty was overcome by summing the serieses for $m = 1, 2, 3$ and 4 by using Polygamma function [10]. The sine integral $S_i(u)$ was calculated from its CHEBYSHEV expansion [12] and the BESSEL functions J_0 and J_1 from their polynomial approximations [10].

5. Results and Discussion

Contrary to smooth foundation, the influence coefficients for vertical stress and surface settlement of a rough foundation depend on POISSON's ratio. The stresses at the contact surface are statically determinate and by combining stress-strain relationships with Eqs. (8) and (9) can be shown to be

$$\sigma_r = \sigma_\theta = \frac{\mu}{1-\mu}\sigma_z = -\frac{\mu}{1-\mu}p\,. \qquad (48)$$

For $\mu = 0.5$,

$$\sigma_r = \sigma_\theta = \sigma_z = -p \,. \tag{49}$$

Therefore for a POISSON's ratio of 0.5 the contact surface is in a state of hydrostatic stress thereby the shear stress is zero. Hence for $\mu = 0.5$, the stresses and displacements under a rough foundation will be identical with those of a smooth foundation.

Again from SAINT-VENANT's principle it can be expected that the effect of foundation roughness will decrease as one moves away from the contact surface, i.e., for high values of $(R^2 + Z^2)^{1/2}$ the stresses and displacements for both smooth and rough foundations will almost be identical.

Shear stress at the contact surface:

The influence coefficient for shear stress at the contact surface given by Eq. (39) is shown in Fig. 3 along the radius of the foundation, for μ ranging from 0 to 0.5. The figure shows that shear stress decreases as μ increases finally vanishing at $\mu = 0.5$. The shear stress increases at an increasing rate with R, reaching the maximum value at or near about $R = 0.96$ and then drops down a little. It should be noted that the magnitude of the shear stress shown in Fig. 3 may be in error of about $\pm$ 5 per cent near $R = 1$, due to poor convergence in this zone.

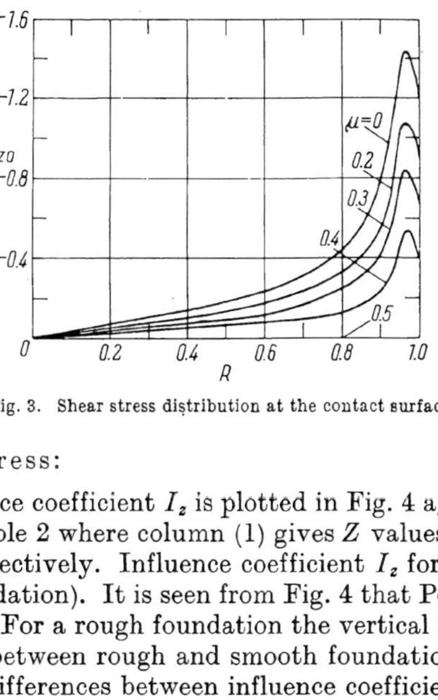

Fig. 3. Shear stress distribution at the contact surface

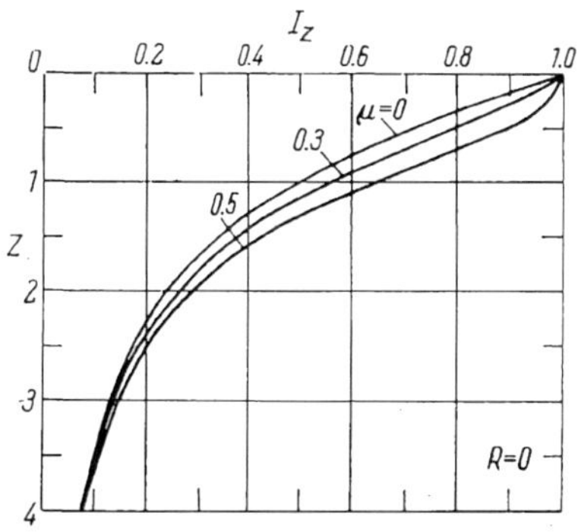

Fig. 4. Vertical stress distribution along the axis

Vertical stress:

Influence coefficient I_z is plotted in Fig. 4 against Z, for $R = 0$ and $\mu = 0$, 0.3 and 0.5. This is also presented in Table 2 where column (1) gives Z values and columns (2), (5) and (8) give I_z values, for $\mu = 0.0$, 0.3 and 0.5, respectively. Influence coefficient I_z for $\mu = 0.5$ is identical with I_z' (i.e. influence coefficient for a smooth foundation). It is seen from Fig. 4 that POISSON's ratio plays a significant role in vertical stress distribution also. For a rough foundation the vertical stress increases with POISSON's ratio. Difference in influence coefficients between rough and smooth foundations decreases with depth. For example at $Z = 2$ and 6, the percentage differences between influence coefficients of a smooth and a rough foundation for $\mu = 0{,}0.$ are 18 percent and 7 percent, respectively. Hence the friction at the contact surface has significant influence for small depths.

Radial stress:

The influence coefficients I_r and I_r' are presented in Table 2 for $R = 0$ and $\mu = 0$, 0.3 and 0.5. It can be observed that the deviation of I_r from I_r' for any particular Z, decreases with μ, finally vanishing at $\mu = 0.5$.

Table 2. Influence values for Radial and Vertical Stress Distribution

Z	$\mu = 0$			$\mu = 0.3$			$\mu = 0.5$		
	I_z	I_r	I_r'	I_z	I_r	I_r'	I_z	I_r	I_r'
(1)	(2)	(3)	(4)	(5)	(6)	(7)	(8)	(9)	(10)
0	1.00	0.0	−.5010	1.00	−.4286	−.8001	1.00	−1.00	
0.25	.8448	.0113	−.2652	.9052	−.2743	−.4918	.9857	−.6425	
0.5	.7070	.0253	−.0981	.7941	−.1543	−.2638	.9102	−.3733	
1.0	.4875	.0414	.0300	.5555	−.0355	−.0575	.6463	−.1160	same as
1.5	.3336	.0390	.0439	.3723	−.0023	−.0064	.4240	−.0399	column
2.0	.2336	.0314	.0366	.2554	.0055	.0050	.2846	−.0162	(9)
3.0	.1271	.0191	.0217	.1353	.0061	.0064	.1463	−.0039	
4.0	.0781	.0123	.0136	.0819	.0044	.0046	.0870	−.0014	
6.0	.0375	.0061	.0065	.0387	.0024	.0024	.0403	−.0003	

The deviation decreases also with depth. Like vertical stress, the friction has importance only for small depths.
Surface settlement:

The influence coefficient for surface settlement, I_{w0} is plotted against R in Fig. 5, for μ ranging from 0 to 0.5. Influence of friction on surface settlement decreases with μ as well as with R. For $\mu = 0.5$ as well as for $R = 1$ (i.e. at the edge of the foundation), roughness does not have any effect on surface settlement. Fig. 5 enables one to determine the surface settlement for a rough flexible foundation, for any given values of μ and R.

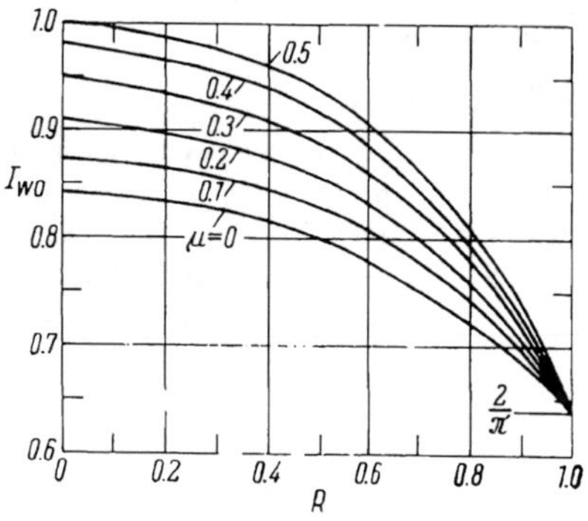

Fig. 5. Surface settlement charts for various μ values

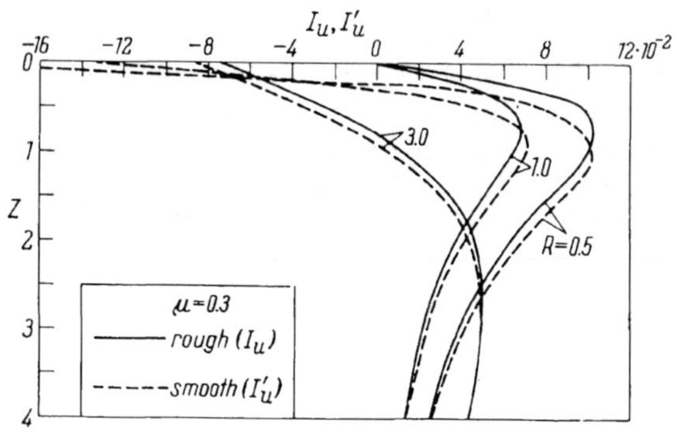

Fig. 6. Variation of radial deformation ($\mu = 0.3$)

Radial deformation:

The influence coefficients for radial deformation for rough and smooth foundations are shown in Fig. 6 for $\mu = 0.3$, and $R = 0.5$, 1.0 and 3.0. Here also influence of friction decreases with depth. The influence of friction decreases also with R beyond $R = 1.0$ and for $R = 3.0$ we find that deviation of I_u from I'_u is almost negligible even at $Z = 0$, which can be explained by SAINT-VENANT's principle. Hence POULOS's remark [13] that radial deformation is influenced by roughness is valid for small depths and small radial distances only.

6. Concluding Remarks

POISSON's ratio plays an important part for stresses and displacements under a rough foundation. Deviations of stresses and displacements of a rough foundation from those of a smooth foundation decrease with μ and finally for $\mu = 0.5$ (i.e. an incompressible material) the stresses and displacements for the two types are identical. The deviations also decrease as one moves away from the contact surface. From the results presented herein it is possible to obtain vertical and radial stresses along the axis and also surface settlement, for a rough foundation for any value of POISSON's ratio. These results are of considerable practical interest in foundation engineering problems.

References

1 GALIN, L. A., Contact problems in the theory of elasticity, N. C. 1961, North Carolina State College translation, Ed., I. N. Sneddon.
2 BOWLES, J. E., Foundation analysis and design, McGraw-Hill (International Student Edition), Tokyo 1968, pp. 197–264.
3 MUSKHELISHVILI, N. I., Some basic problems of the mathematical theory of elasticity, Noordhoff, Groningen 1963, pp. 493 to 499.
4 MOSSAKOVSKII, V. I., The fundamental mixed problem of the theory of elasticity for half-space with a circular line separating the boundary conditions, PMM **18**, No. 2, pp. 197–192 (1954).
5 ABRAMIAN, B. L., ARUTIUNIAN, N. KH., and BABLOIAN, A. A., On symmetric pressure of a circular stamp on an elastic half-space in the presence of adhesion, PMM **30**, No. 1, pp. 143–147 (1966).
6 ALEKSANDROV, V. M., On plane contact problems of the theory of elasticity in the presence of adhesion or friction, PMM **34**, No. 2, pp. 246–257 (1970).
7 CONWAY, H. D., VOGEL, S. M., FARNHAM, K. A., and So, S., Normal and shearing contact stresses in idented strips and slabs, Int. J. Engng. Sci. **4**, No. 4, pp. 343–359 (1966).
8 LOVE, A. E. H., A treatise on the mathematical theory of elasticity, Dover Publications, New York 1944, pp. 274–276.
9 SNEDDON, I. N., Fourier transforms, McGraw-Hill, New York 1951, pp. 48–70, 450–510.
10 ABRAMOWITZ, M., and STEGUN, I. A., Handbook of mathematical functions, Dover Publications, New York 1965, pp. 253 to 294, 355–434, 479–494, 875–924.
11 SNEDDON, I. N., Mixed boundary value problems in potential theory, John Wiley and Sons, New York 1966, pp. 80–133
12 LUKE, Y. L., The special functions and their approximations, Vol. 2, Academic Press, New York 1969, pp. 282–452.
13 POULOS, H. G., Difficulties in prediction of horizontal deformations of foundations, Proc. ASCE, JSMFE **98**, No. SM8, pp. 843–848 (1972).

Eingereicht am 3. 1. 1973

Anschriften: M. NAYAK, Senior Research Scholar, Civil and Hydraulic Engineering Department, Indian Institute of Science, Bangalore-12, India and
Dr. R. J. SRINIVASAN, Lecturer, Civil and Hydraulic Engineering Department, Indian Institute of Science, Bangalore-12, India

ZAMM 54, 233 – 240 (1974)

H. BALKE

Thermodynamische Analyse von Deformationsgesetzen des Modellstruktursystems*)

Es werden die Eigenschaften der Verzerrungsarbeit untersucht, die mit Hilfe nichtlinear-rheonomer Deformationsgesetze berechnet wurde. Durch Einführung einer wegabhängigen Viskosität wird gezeigt, daß die verwendeten Deformationsgesetze thermodynamisch zulässig sind.

There are investigated the properties of the strain work calculated by means of nonlinear-rheonom laws of deformation. By introduction of a path-dependent viscosity the thermodynamical admissibility of the used laws of deformation is shown.

Исследуются свойства работы деформации, определенной с помощью нелинейных реономных законов деформации. Введением зависимой от пути вязкости показано, что использованные законы деформации термодинамически допустимы.

0. Einleitung

Der verstärkte Einsatz inelastischer Materialien in tragenden Konstruktionselementen ist bisher mit einer breiten Untersuchung solcher nichtlinearer Deformationsgesetze verbunden, die den Einfluß von Belastungszeit und -reihenfolge berücksichtigen. Eine besonders anschauliche Methode zur Aufstellung dieser Deformationsgesetze und zu derem Studium besteht darin, mechanische Gedankenmodelle zu konstruieren, die durch analoge Gleichungen beschrieben werden wie das Deformationsverhalten des Materials. Den Materialeigenschaften Elastizität, Viskosität und Plastizität können die einfachen Modelle Feder, Dämpfer und Gleitschuh zugeordnet werden. Die einfache Parallel- und Reihenschaltung solcher Modelle führt nicht zu einer ausreichenden Approximation des Deformationsverhaltens harter Thermoplaste. Deshalb wurde in [1], [2] auf mathematischem Wege eine verallgemeinerte Parallelschaltung eingeführt und auf Elastizität und Viskosität angewendet.

Das Ziel dieser Arbeit besteht in der Klärung zweier eng miteinander verknüpfter Fragen. Erstens sollen die Eigenschaften der mittels der Deformationsgesetze von [1], [2] berechneten Verzerrungsarbeit, die in Bruchkriterien eine Rolle spielt [3], [4], untersucht werden. Dies erfordert eine Modellinterpretation der verallgemeinerten Parallelschaltung von [1]. Des weiteren werden die in [1] zum Teil formal aufgestellten Deformationsgesetze auf ihre Verträglichkeit mit den Gesetzen der Kontinuumsmechanik und der modernen Thermodynamik geprüft.

1. Modelltheorie der Deformationsgesetze

1.1. Einfache Modelle

Im folgenden werden einfache mechanische Modelle, die einen Freiheitsgrad besitzen, vorgestellt und ihre Formänderungsarbeiten berechnet. Die elastische Feder (E) gehorcht dem Deformationsgesetz

$$\sigma = f_E(\varepsilon) , \quad f_E(0) = 0 . \tag{1}$$

f_E ist eine streng monoton wachsende, stetige Funktion. Die Deformation ε folgt augenblicklich der Belastung σ und verschwindet auf ein- und demselben Weg. Die elastische Arbeit W^e, die dem Modell zugeführt wird, ergibt sich aus der vollständigen Zeitableitung (mit $(\ )^{\cdot}$ bezeichnet)

$$\dot{W}^e = f_E(\varepsilon)\,\dot{\varepsilon} , \tag{2}$$

die positiv, negativ oder null sein kann. Die Arbeit hängt nur vom Deformationsendwert ab und kann bei Entlastung vollständig zurückgewonnen werden.

Der viskose Dämpfer (V) wird üblicherweise durch eine funktionelle Abhängigkeit der Belastung von der Verformungsgeschwindigkeit charakterisiert. Um die in [2] benutzte verallgemeinerte Parallelschaltung modellmäßig zu interpretieren, führen wir zusätzlich die Abhängigkeit vom Verformungsweg ein. Das Deformationsgesetz hat dann die Form

$$\sigma = f_{V1}\,[f_{V2}(\varepsilon) + f_{V3}(\dot{\varepsilon})] - f_{V1}\,[f_{V2}(\varepsilon)] , \quad f_{Vi}\,(0) = 0 , \quad i = 1, 2, 3, \tag{3}$$

wobei die stetigen Funktionen $f_{V1}, f_{V2}\, f_{V3}$ streng monoton wachsen. Wenn in Gleichung (3) der Subtrahend weggelassen wird, erhält man ein verallgemeinertes nichtlineares KELVINmodell. Die vollständige Linearisierung von (3) führt dagegen zum linearen viskosen Modell. Die Gleichung (3) beschreibt folgende Eigenschaften des Dämpfers:

a) Bei plötzlicher vollständiger Entlastung hört die Dämpferbewegung unabhängig von der Dämpferstellung sofort auf, d. h. $\dot{\varepsilon} = 0$ für $\sigma = 0$ und ε beliebig.

*) Auszug aus der Dissertation des Verfassers [5], die innerhalb der Vertragsforschung für das Kombinat VEB Chemische Werke BUNA erarbeitet wurde.

b) Der Dämpfer bewegt sich unabhängig von der Stellung ε bei geringster Belastung.

c) Die zugeführte mechanische Leistung $\dot{W}^v$ ist nie negativ:

$$\dot{W}^v = \{f_{V1}\,[f_{V2}(\varepsilon) + f_{V3}(\dot{\varepsilon})] - f_{V1}[f_{V2}(\varepsilon)]\}\,\dot{\varepsilon} \geqq 0\,. \tag{4}$$

Der Beweis von (4) ist leicht mittels der Eigenschaften der Funktionen f_{V1}, f_{V2}, f_{V3} zu führen. Die mit (4) berechnete viskose Arbeit W^v kann nicht zurückgewonnen werden und hängt vom Weg $\varepsilon(t)$ im Integrationsintervall für die Zeit t ab.

Das plastische Gleitschuhmodell (P) mit trockener Reibung, die vom absoluten Weg beeinflußt wird, genügt dem Deformationsgesetz

$$\begin{gathered}\dot{\varepsilon} = 0 \quad \text{für} \quad |\sigma| < \sigma_F \quad \text{bzw.} \quad |\sigma| = \sigma_F, |\sigma|^{\cdot} \leqq 0 \quad \text{mit} \quad \sigma_F = f_P\left(\int_0^\varepsilon |dx|\right)\\ \operatorname{sign}\dot{\varepsilon} = \operatorname{sign}\sigma \quad \text{für} \quad |\sigma| = \sigma_F\,, \ |\sigma|^{\cdot} > 0\,.\end{gathered} \tag{5}$$

Die Modellgleichungen (5), die analog zur Plastizität mit isotroper Verfestigung sind, geben an, daß die Deformation konstant bleibt, wenn die Belastung σ eine gewisse Schranke σ_F nicht überschreitet, die über die stetige monotone Funktion f_P vom absoluten Weg abhängt. Anderenfalls folgt die Deformation augenblicklich der Belastung. Die dem Modell zugeführte plastische Arbeit W^p berechnet sich wegabhängig aus

$$\dot{W}^p = \sigma \cdot \dot{\varepsilon} \geqq 0 \tag{6}$$

und ist wegen (5) nie negativ.

1.2. Zusammengesetzte Modelle

Durch Parallel- und Reihenschaltung der einfachen Modelle werden komplizierte Modelle aufgebaut. Parallelschaltung bedeutet Addition von zwei Spannungen bei gleicher Dehnung und wird durch einen vertikalen Strich bezeichnet [2], z. B. $E|V$ für das nichtlineare Kelvinmodell. Dieses entsteht, indem man gerade jene Feder (E) in der Parallelschaltung ($E|V$) benutzt, die in dem Dämpfer (V) von (3) den Subtrahenden beseitigt. Die Reihenschaltung bedeutet Addition der Dehnungen bei gleicher Spannung und wird durch einen horizontalen Strich symbolisiert, z. B. $E - V$ für das Maxwell-Modell oder $[N] - (E|V)$ für eine Reihenschaltung von N Kelvinmodellen.

Ein sehr allgemeines Modell entsteht durch Reihenschaltung einer Feder, eines Dämpfers, eines Gleitschuhs, N Parallelschaltungen von Feder und Dämpfer und M Parallelschaltungen von Dämpfer und Gleitschuh $(E-V-([N]-(E|V))-([M]-(P|V))-P)$ [2]. Die an diesem Modell verrichtete Arbeit W wird teils in den Federn gespeichert (W^e), teils in den Dämpfern und Gleitschuhmodellen verloren (W^d). Der Index d weist auf den später benutzten Begriff „Dissipation" hin.

$$W = \int_0^\varepsilon \sigma\,dx = W^e + W^d\,, \tag{7.1}$$

$$W^e = \sum_{\alpha=1}^{N+1} W_\alpha^e\,, \qquad W^d = \sum_{\alpha=1}^{M+N+1} W_\alpha^v + \sum_{\alpha=1}^{M+1} W_\alpha^p\,. \tag{7.2}$$

1.3. Analogie zwischen Modellen und Kontinua

Zu den drei genannten Modellen sind die Materialeigenschaften Elastizität, Viskosität und Plastizität analog. Unter der Voraussetzung, daß im Deformationsgesetz des Kontinuums nur eine Belastungsgröße (z. B. Spannungskomponente) mit einer Deformationsgröße (z. B. Verzerrungskomponente) zusammenhängt, besteht die Analogie zwischen diesen Größen und den entsprechenden Belastungs- bzw. Deformationsgrößen des dazugehörigen Modells infolge gleicher Deformationsgleichungen. Bei tensoriell allgemeineren Verhältnissen bleiben noch wesentliche Gemeinsamkeiten der Gleichungen bestehen (z. B. Ordnung einzelner Differentialgleichungen, Zeitunabhängigkeit bei Elastizität und Plastizität u. a.). Die Analogie erstreckt sich auch auf die Eigenschaften der mechanischen Arbeit (Wegunabhängigkeit im elastischen Fall, Wegabhängigkeit und Zunahme der Arbeit bei Viskosität und Plastizität).

Die am Volumenelement des Kontinuums verrichtete mechanische Leistung $\dot{W}$ berechnet sich für infinitesimale Verzerrungen in kartesischen Koordinaten als Summe von Gestalt- (W_G) und Volumenänderungsleistung ($\dot{W}_V$)

$$\dot{W} = \sigma_{kl}\,\dot{\varepsilon}_{kl} = \dot{W}_G + \dot{W}_V\,, \tag{8.1}$$

$$\dot{W}_G = s_{kl}\,\dot{e}_{kl}\,, \qquad \dot{W}_V = \frac{1}{3} s\,\dot{e}\,. \tag{8.2}$$

Hier bedeuten:

σ_{kl} — Spannungstensor,
s_{kl} — Spannungsdeviator,
s — Spannungssumme,
ε_{kl} — Verzerrungstensor,
e_{kl} — Verzerrungsdeviator,
e — Dehnungssumme.

Im folgenden zitieren wir die in [2] angegebenen Deformationsgesetze, die den einfachen Modellen analog sind, einschließlich der dazu benötigten Definitionen und berechnen die mechanische Leistung.

Dimensionsbehaftete Bezugskonstanten sind:

G — Schubmodul, τ_0 — Bezugsspannung,
K — Kompressionsmodul, T — Bezugszeit.

Die dimensionslosen ersten Invarianten des Spannungstensors, Verzerrungstensors und Verzerrungsgeschwindigkeitstensors lauten

$$\bar{\sigma}_m = \frac{s}{\sqrt{3}\,\tau_0}, \qquad \bar{\varepsilon}_m = \frac{\sqrt{3}\,K}{\tau_0}\,e, \qquad \mathring{\bar{\varepsilon}}_m = \frac{\sqrt{3}\,K\,T}{\tau_0}\,\dot{e} \tag{9}$$

und die dimensionslosen zweiten Invarianten der entsprechenden Deviatoren

$$\bar{\sigma}_V = \frac{\sqrt{s_{kl}\,s_{kl}}}{\sqrt{2}\,\tau_0}, \qquad \bar{\varepsilon}_V = \frac{\sqrt{2}\,G}{\tau_0}\sqrt{e_{kl}\,e_{kl}}, \qquad \mathring{\bar{\varepsilon}}_V = \frac{\sqrt{2}\,G\,T}{\tau_0}\sqrt{\dot{e}_{kl}\,\dot{e}_{kl}}. \tag{10}$$

Die stetigen Materialfunktionen $\mathcal{F}(\bullet)$, $\mathcal{G}(\bullet)$, $\mathcal{K}(\bullet)$, $\mathcal{N}(\bullet)$, $\mathcal{H}(\bullet)$, $\mathcal{M}(\bullet)$ wachsen streng monoton und enthalten den Ursprung. Der Querstrich, z. B. $\bar{\mathcal{F}}(\bullet)$, bezeichnet jeweils die Umkehrfunktion. Das nichtlinear elastische Gesetz hat die Form [2]

$$e_{kl} = \frac{\mathcal{G}(\bar{\sigma}_V)}{2G\,\bar{\sigma}_V}\,s_{kl}, \qquad e = \frac{\mathcal{K}(\bar{\sigma}_m)}{3K\,\bar{\sigma}_m}\,s. \tag{11}$$

Die mechanische Leistung berechnet sich zu

$$\dot{W}_G^e = \frac{\tau_0^2}{G}\,\bar{\mathcal{G}}(\bar{\varepsilon}_V)\,\dot{\bar{\varepsilon}}_V, \qquad \dot{W}_V^e = \frac{\tau_0^2}{3K}\,\bar{\mathcal{K}}(\bar{\varepsilon}_m)\,\dot{\bar{\varepsilon}}_m. \tag{12}$$

Die beiden Leistungsanteile $\dot{W}_G^e$, $\dot{W}_V^e$ stellen vollständige Zeitableitungen dar, die beliebige Vorzeichen annehmen können. Bei Entlastung wird die mechanische Arbeit vollständig zurückgewonnen.

Im nichtlinear-viskosen Fall gelten zunächst [2]

$$\dot{e}_{kl} = \frac{\mathcal{H}(\bar{\sigma}_V)}{2\,G\,T\,\bar{\sigma}_V}\,s_{kl}, \qquad \dot{e} = \frac{\mathcal{M}(\bar{\sigma}_m)}{3\,K\,T\,\bar{\sigma}_m}\,s \tag{13}$$

und

$$\dot{W}_G^v = \frac{\tau_0^2}{G\,T}\,\bar{\mathcal{H}}(\mathring{\bar{\varepsilon}}_V)\,\mathring{\bar{\varepsilon}}_V \geqq 0, \qquad \dot{W}_V^v = \frac{\tau_0^2}{3\,K\,T}\,\bar{\mathcal{M}}(\mathring{\bar{\varepsilon}}_m)\,\mathring{\bar{\varepsilon}}_m \geqq 0. \tag{14}$$

Die Leistungsanteile $\dot{W}_G^v$, $\dot{W}_V^v$ sind wegen der Eigenschaften der Materialfunktionen $\mathcal{H}$, $\mathcal{M}$ und der Gleichungen (9), (10) nie negativ. Um zu einem geschwindigkeits- und wegabhängigen viskosen Gesetz analog zu (3) zu gelangen, gehen wir von der in [2] gegebenen verallgemeinerten Parallelschaltung

$$\frac{\mathcal{F}(\bar{\sigma}_V)}{\bar{\sigma}_V}\,s_{kl} = \frac{\mathcal{F}\left(\overset{(1)}{\bar{\sigma}}_V\right)}{\overset{(1)}{\bar{\sigma}}_V}\,\overset{(1)}{s}_{kl} + \frac{\mathcal{F}\left(\overset{(2)}{\bar{\sigma}}_V\right)}{\overset{(2)}{\bar{\sigma}}_V}\,\overset{(2)}{s}_{kl}, \qquad \frac{\mathcal{N}(\bar{\sigma}_m)}{\bar{\sigma}_m}\,s = \frac{\mathcal{N}\left(\overset{(1)}{\bar{\sigma}}_m\right)}{\overset{(1)}{\bar{\sigma}}_m}\,\overset{(1)}{s} + \frac{\mathcal{N}\left(\overset{(2)}{\bar{\sigma}}_m\right)}{\overset{(2)}{\bar{\sigma}}_m}\,\overset{(2)}{s} \qquad (15.1),\ (15.2)$$

aus, die bei Anwendung auf das elastische Gesetz (11) und das viskose Gesetz (13) das verallgemeinerte KELVIN-material (hier noch nicht explizit nach den Spannungen aufgelöst)

$$\frac{\mathcal{F}(\bar{\sigma}_V)}{\bar{\sigma}_V}\,s_{kl} = 2\,G\,\hat{\bar{g}}(\bar{\varepsilon}_V)\,e_{kl} + 2\,G\,T\,\hat{\bar{h}}(\mathring{\bar{\varepsilon}}_V)\,\dot{e}_{kl}, \quad \frac{\mathcal{N}(\bar{\sigma}_m)}{\bar{\sigma}_m}\,s = 3\,K\,\hat{\bar{k}}(\bar{\varepsilon}_m)\,e + 3\,K T\,\hat{\bar{m}}(\mathring{\bar{\varepsilon}}_m)\,\dot{e} \qquad (16.1),\ (16.2)$$

mit den Abkürzungen

$$\hat{\bar{g}}(\bar{\varepsilon}_V) = \frac{\mathcal{F}(\bar{\mathcal{G}}(\bar{\varepsilon}_V))}{\bar{\varepsilon}_V}, \qquad \hat{\bar{h}}(\mathring{\bar{\varepsilon}}_V) = \frac{\mathcal{F}(\bar{\mathcal{H}}(\mathring{\bar{\varepsilon}}_V))}{\mathring{\bar{\varepsilon}}_V}, \tag{17.1}$$

$$\hat{\bar{k}}(\bar{\varepsilon}_m) = \frac{\mathcal{N}(\bar{\mathcal{K}}(\bar{\varepsilon}_m))}{\bar{\varepsilon}_m}, \qquad \hat{\bar{m}}(\mathring{\bar{\varepsilon}}_m) = \frac{\mathcal{N}(\bar{\mathcal{M}}(\mathring{\bar{\varepsilon}}_m))}{\mathring{\bar{\varepsilon}}_m} \tag{17.2}$$

liefert. Wegen der genannten Eigenschaften der Materialfunktionen sind die davon abgeleiteten Funktionen nach (17) nicht negativ. Analog zu (3) lösen wir (16) nach den Spannungen auf:

$$s_{kl} = [2\,G\,\hat{\bar{g}}(\bar{\varepsilon}_V)\,e_{kl} + 2\,G\,T\,\hat{\bar{h}}(\mathring{\bar{\varepsilon}}_V)\,\dot{e}_{kl}]\,\frac{\bar{\mathcal{F}}\left(\sqrt{\frac{2\,G^2}{\tau_0^2}[\hat{\bar{g}}^2(\bar{\varepsilon}_V)\,e_{ij}e_{ij} + 2T\,\hat{\bar{g}}(\bar{\varepsilon}_V)\,\hat{\bar{h}}(\mathring{\bar{\varepsilon}}_V)\,e_{ij}\dot{e}_{ij} + T^2\,\hat{\bar{h}}^2(\mathring{\bar{\varepsilon}}_V)\,\dot{e}_{ij}\dot{e}_{ij}]}\right)}{\sqrt{\frac{2\,G^2}{\tau_0^2}[\hat{\bar{g}}^2(\bar{\varepsilon}_V)\,e_{ij}e_{ij} + 2\,T\,\hat{\bar{g}}(\bar{\varepsilon}_V)\,\hat{\bar{h}}(\mathring{\bar{\varepsilon}}_V)\,e_{ij}\dot{\varepsilon}_{ij} + T^2\,\hat{\bar{h}}^2(\mathring{\bar{\varepsilon}}_V)\,\dot{e}_{ij}\dot{e}_{ij}]}}, \tag{18.1}$$

$$s = \sqrt{3}\,\tau_0 \mathcal{N}\left(\frac{\sqrt{3}\,K}{\tau_0}\,[\hat{\bar{k}}(\bar{\varepsilon}_m)\,e + T\,\hat{\bar{m}}\,(\mathring{\bar{\varepsilon}}_m)\,\dot{e}]\right) \tag{18.2}$$

und spalten hiervon einen elastischen Anteil nach der Vorschrift

$$s_{ij}^e(e_{kl}) = s_{ij}(e_{kl}, 0_{mn})\,, \qquad s^e(e) = s(e, 0) \tag{19.1), (19.2}$$

ab. Dieser elastische Anteil ist identisch mit (11). Das Symbol 0_{mn} soll angeben, daß alle Komponenten $\dot{e}_{mn}$ auf der rechten Seite von (18.1) verschwinden. Der viskose Anteil berechnet sich dann aus

$$s_{ij}^v\,(e_{kl}, \dot{e}_{mn}) = s_{ij}(e_{kl}, \dot{e}_{mn}) - s_{ij}^e(e_{kl})\,, \qquad s^v(e, \dot{e}) = s(e, \dot{e}) - s^e(e)\,. \tag{20.1), (20.2}$$

Die mit (18), (19), (20) berechnete viskose Leistung

$$\dot{W}_G^v = s_{ij}^v\,(e_{kl}, \dot{e}_{mn})\,\dot{e}_{ij} \geqq 0\,, \qquad \dot{W}_V^v = \frac{1}{3}\,s^v\,(e, \dot{e})\,\dot{e} \geqq 0 \tag{21.1), (21.2}$$

ist nie negativ. Wegen der Voraussetzungen für die Materialfunktionen ist dies bei (21.2) ähnlich wie bei (4) leicht zu sehen. Der kompliziertere Beweis von (21.1) läßt sich durch Umformung von (21.1) in eine Ungleichung für die neundimensionalen Vektoren e_{ij} und $\dot{e}_{ij}$ führen [5], S. 25—30.

Die aus (21) bestimmbare Arbeit ist wie auch im Fall (14) vom Deformationsweg abhängig.

Das plastische Deformationsgesetz mit isotroper Verfestigung lautet [2]

$$\dot{e}_{kl} = \begin{cases} 0\,, & \Phi < 0 \quad \text{oder} \quad \Phi = 0\,, \quad \dot{\bar{\sigma}}_V \leqq 0 \\ \lambda\, s_{kl}\,, & \Phi = 0\,, \quad \dot{\bar{\sigma}}_V > 0 \end{cases} \tag{22.1}$$

mit

$$\Phi = \bar{\sigma}_V - \bar{v}(\bar{\varepsilon}_p)\,, \qquad \bar{\varepsilon}_p = \int\limits_0^t \mathring{\bar{\varepsilon}}_V \frac{1}{T}\,dx\,, \tag{22.2}$$

$$\dot{e} = 0\,. \tag{22.3}$$

Die für positives Argument definierte stetige Verfestigungsfunktion $\bar{v}$ wächst monoton von einer von null verschiedenen Anfangsfließspannung an. Da der skalare Faktor λ positiv ist, gilt für die plastische Leistung

$$\dot{W}^p = \lambda\, s_{kl}\, s_{kl} \geqq 0\,. \tag{23}$$

Bei Parallel- und Reihenschaltung der einfachen Deformationsgesetze (11), (13), (20), (22) liefert die Modellvorstellung eine Aufspaltung der mechanischen Leistung in einen gespeicherten und einen Verlustanteil. Für ein Beispiel des viskoelastisch-viskoplastischen Kontinuums mit Initialplastizität $E-V-([N]-(E|V))-([M]-(P|V))-P$ lautet das zusammengesetzte Deformationsgesetz [1], [2]

$$e_{kl} = \overset{(0)e}{e_{kl}} + \overset{(0)v}{e_{kl}} + \sum_{\alpha=1}^{M+N+1} \overset{(\alpha)}{e_{kl}} \tag{24.1}$$

$$\left.\begin{aligned} &\overset{(0)e}{e_{kl}} = \frac{\mathcal{G}(\bar{\sigma}_V)}{2G\,\bar{\sigma}_V}\,s_{kl}\,, \qquad \overset{(\dot{0})v}{e_{kl}} = \frac{\mathcal{H}(\bar{\sigma}_V)}{2G\,T\,\bar{\sigma}_V}\,s_{kl} \\ &\overset{(\alpha)}{e_{kl}} + T\theta_\alpha \overset{(\dot{\alpha})}{e_{kl}} = \frac{A_\alpha \mathcal{F}(\bar{\sigma}_V)}{2G\,\bar{\sigma}_V}\,s_{kl}\,, \quad 1 \leqq \alpha \leqq N \end{aligned}\right\} \tag{24.2}$$

$$\left.\begin{aligned} &\overset{(\dot{\alpha})}{e_{kl}} = \begin{cases} 0, & \Phi_\alpha < 0 \quad \text{oder} \quad \Phi_\alpha = 0\,, \quad \dot{\bar{\sigma}}_V \leqq 0 \\ \dfrac{\mathcal{H}_\alpha(\Phi_\alpha)}{2G\,T\,\bar{\sigma}_V}\,s_{kl}\,, & \Phi_\alpha = 0\,, \quad \dot{\bar{\sigma}} > 0 \end{cases} \quad N+1 \leqq \alpha \leqq N+M \\ &\overset{(\dot{\alpha})}{e_{kl}} = \begin{cases} 0, & \Phi_\alpha < 0 \quad \text{oder} \quad \Phi_\alpha = 0\,, \quad \dot{\bar{\sigma}} \leqq 0 \\ \dfrac{\dot{\bar{\sigma}}_V\, dv_\alpha(\bar{\sigma}_V)}{2G\,\bar{\sigma}_V\, d\bar{\sigma}_V}\,s_{kl}\,, & \Phi_\alpha = 0\,, \quad \dot{\bar{\sigma}}_V > 0 \end{cases} \quad \alpha = N+M+1 \\ &\Phi_\alpha = \bar{\sigma}_V - \bar{v}_\alpha(\overset{(\alpha)}{\bar{\varepsilon}_p}) \end{aligned}\right\} \tag{24.3}$$

$$e = \overset{(0)e}{e} + \overset{(0)v}{e} + \sum_{\alpha=1}^{N} \overset{(\alpha)}{e} \tag{24.4}$$

$$\overset{(0)e}{e} = \frac{\mathcal{K}(\bar{\sigma}_m)}{3K\,\bar{\sigma}_m}\,s\,, \qquad \overset{(\dot{0})v}{e} = \frac{\mathcal{M}(\bar{\sigma}_m)}{3K\,T\,\bar{\sigma}_m}\,s\,, \qquad \overset{(\alpha)}{e} + T\,\vartheta_\alpha \overset{(\dot{\alpha})}{e} = \frac{a_\alpha \mathcal{N}(\bar{\sigma}_m)}{3K\,\bar{\sigma}_m}\,s\,, \tag{24.5}$$

wobei θ_α, A_α bzw. ϑ_α, a_α viskoelastische Materialkonstanten der Gestalt- bzw. Volumenänderung bezeichnen. Der Index α bezieht sich auf die α-ten Teilverzerrungen des Differentialgleichungssystems. Die zu diesem Deformationsgesetz nach der Modellvorstellung gemäß (7) gehörenden elastischen Leistungsterme sind

$$\begin{aligned} \dot{W}_G^e &= \frac{\tau_0^2}{G}\left[\bar{\mathcal{G}}(\overset{(0)e}{\bar{\varepsilon}_V})\,\overset{(\dot{0})e}{\bar{\varepsilon}_V} + \sum_{\alpha=1}^{N} \bar{\mathcal{F}}\left(\frac{1}{A_\alpha}\overset{(\alpha)}{\bar{\varepsilon}_V}\right)\overset{(\dot{\alpha})}{\bar{\varepsilon}_V}\right], \\ \dot{W}_V^e &= \frac{\tau_0^2}{3\,K}\left[\bar{\mathcal{K}}\,(\overset{(0)e}{\bar{\varepsilon}_m})\,\overset{(\dot{0})e}{\bar{\varepsilon}_m} + \sum_{\alpha=1}^{N} \bar{\mathcal{N}}\left(\frac{1}{a_\alpha}\overset{(\alpha)}{\bar{\varepsilon}_m}\right)\overset{(\dot{\alpha})}{\bar{\varepsilon}_m}\right], \end{aligned} \tag{25}$$

während die Verlustanteile als Differenz zur gesamten Leistung erhalten werden:

$$\dot{W}_G^d = \dot{W}_G - \dot{W}_G^e\,, \qquad \dot{W}_V^d = \dot{W}_V - \dot{W}_V^e\,. \tag{26}$$

2. Thermodynamische Zulässigkeit der Deformationsgesetze

2.1. Der Zustandsbegriff

Die thermodynamische Untersuchung der angeführten Deformationsgesetze erfordert die Festlegung eines Zustandsbegriffes, der mit den bereits ausgewählten Deformationsgesetzen verträglich ist. Mit einer Anregung aus [6] setzen wir den Zustand eines Körpers als gegeben voraus, wenn die Werte eines gewissen Parametersatzes, die alle uns interessierenden Eigenschaften des Körpers bestimmen, bekannt sind. Diese Eigenschaften, die bei uns die Deformation des Körpers charakterisieren, teilen wir in zwei Gruppen ein. Die erste ist durch die Materialannahme, die Homogenität, Isotropie und zeitliche Konstanz enthalten soll, bestimmt. Die Eigenschaften der zweiten Gruppe ändern sich infolge der äußeren Einflüsse, die in Volum- und Oberflächenkräften und Oberflächenverschiebungen bestehen und im Körper i. allg. eine inhomogene Spannungs- und Verzerrungsverteilung, verbunden mit Energieumwandlungen, verursachen. Diese Verteilungen nehmen wir als wenigstens stückweise stetig an. Deshalb kann im inhomogenen Fall ein infinitesimales Körperelement gleichberechtigt zu einem Körper, in dem eine homogene Spannungs- und Verzerrungsverteilung herrschen, angesehen werden und damit zum Studium eines Materials dienen. In beiden Fällen setzen sich die Oberflächenspannungen gleichmäßig im Inneren fort, und aus einer Vorgabe der Oberflächenverschiebungen sind die Verzerrungen sofort bekannt. Im folgenden betrachten wir ein solches Element, das durch den gesamten vergangenen Ablauf von Spannung oder Dehnung charakterisiert ist. Wir entlehnen weiterhin [7] die folgende vernünftige Festlegung. *Zustand* heißt ein Satz von Parametern (Zustandsparametern), so daß die Kenntnis ihrer numerischen Werte zu einem gewissen Zeitpunkt und des äußeren zeitabhängigen Einflusses nach diesem Zeitpunkt gestattet, das zukünftige Verhalten des Zustandes zu berechnen. Bei Anwendung der obigen Gedanken auf die vorliegenden Deformationsgesetze soll außerdem immer die Dehnung berechenbar oder bekannt sein. Das ist z.B. beim viskosen Material Gleichung (13) oder (20) nicht möglich, wenn die Spannungskomponenten Zustandsparameter sind und vorgegeben werden. Dies ist jedoch realisierbar, wenn wir die Verzerrungskomponenten als Zustandsparameter benutzen und die Spannung oder Verzerrung im Einklang mit dem Anfangszustand vorgeben. Als Zustandsparameter im obigen Sinne können die Verzerrungskomponenten auch beim elastischen und plastischen Gesetz (Gleichung (11) bzw. (22)) beibehalten werden. Im letzten Fall müssen sie nur durch den Verfestigungsparameter $\bar{\varepsilon}_p$ ergänzt werden, damit man weiß, wie weit die Verfestigung fortgeschritten ist. Die Erweiterung des erörterten Zustandsbegriffes auf zusammengesetzte Kontinua ist leicht durchzuführen. Anstelle der Verzerrungen treten dann die Teilverzerrungen. Zustandsparameter des Deformationsgesetzes (24) sind deshalb für die Gestaltänderung die deviatorischen Teilverzerrungen der Elastizität $\overset{(0)e}{e_{ij}}$, Viskosität $\overset{(0)v}{e_{ij}}$, Viskoelastizität $\overset{(\alpha)}{e_{ij}}$ $(1 \leqq \alpha \leqq N)$, Viskoplastizität $\overset{(\alpha)}{e_{ij}}$ $(N + 1 \leqq \alpha \leqq N + M)$, Plastizität $\overset{(N+M+1)}{e_{ij}}$ sowie die zu den letzten beiden Teilverzerrungsarten gehörenden Verfestigungsparameter $\overset{(\alpha)}{\bar{\varepsilon}_p}$ $(N + 1 \leqq \alpha \leqq N + M + 1)$ und für die Volumenänderung die Teilvolumendehnungen der Elastizität $\overset{(0)e}{e}$, Viskosität $\overset{(0)v}{e}$ und Viskoelastizität $\overset{(\alpha)}{e}$ $(1 \leqq \alpha \leqq N)$. Da die Teilverzerrungsdeviatoren eine Symmetrie besitzen und ihre Spur verschwindet, sind einige Zustandsparameter linear abhängig. Wegen (24.1), (24.4) kann auch die Gesamtverzerrung statt einer Teilverzerrung als Zustandsparameter benutzt werden. Die experimentelle Grundlage für sämtliche Zustandsparameter sind Versuche, die zur Ermittlung der freien Konstanten und Funktionen im Deformationsgesetz dienen (z.B. Zugkriechversuche bei verschiedenen Spannungsniveaus und Messung der Kurzzeitquerkontraktion für die elastisch kompressible nichtlinear-viskoelastische Spezialisierung von (24) [1]) und weitere Versuche, an denen die Gültigkeit des Deformationsgesetzes sichtbar wird.

Ein Mangel des Zustandsbegriffes, der im Rahmen dieser Arbeit nicht beseitigt werden kann, wird durch die Begrenzung des zeitlichen Approximationsbereiches des jeweiligen Deformationsgesetzes verursacht.

Als Demonstrationsbeispiel diene das verallgemeinerte KELVIN-Modell

$$\sigma = f_{V1}\,(a\,\varepsilon + \dot{\varepsilon})\,, \tag{27}$$

das auch als eindimensionales Kontinuum mit der Materialkonstanten a interpretiert werden kann. Bei der Approximation realen Materialverhaltens mittels (27), kann diese Gleichung u. U. nur in einem begrenzten Zeitraum gelten. Zustandsparameter ist die Dehnung ε. Zwei Probekörper aus identischem Material gemäß (27) mit gleichem Zustand zu unterschiedlichen Zeiten, gemessen bis zum Ende des Approximationsintervalls, verhalten sich in der restlichen Zeit zunächst gleich, unterscheiden sich jedoch, wenn im Experiment des einen Probekörpers der Approximationsbereich überschritten wird. Diese Tatsache läßt sich auch so ausdrücken, daß man bei einer Zustandsdefinition, die nur innerhalb eines begrenzten zeitlichen Approximationsbereiches gilt, unter Berücksichtigung dieser Grenze nicht mehr in den Ausgangszustand zurückgelangt. Im viskoelastischen Fall sind dann im Raum der Zustandsparameter keine geschlossenen Wege mehr möglich. Bei Deformationsgesetzen, die Plastizität mit isotroper Verfestigung enthalten, ist dies von vornherein ausgeschlossen, da der Verfestigungsparameter nur zunimmt.

2.2. Grundgesetze

Für einen Körper mit dem Volumen V und der Oberfläche A lassen sich in einem räumlichen System kartesischer Koordinaten die folgenden physikalischen Gesetze formulieren [8], [9].

Die zeitliche Änderung der Körpermasse, d. h. des Volumenintegrals der Dichte ϱ, verschwindet,

$$\Big(\int_V \varrho\, dV\Big)^{\cdot} = 0 . \tag{28}$$

Die zeitliche Änderung des Impulses, d. h. des Volumenintegrals über das Produkt von Dichte und Verschiebungsgeschwindigkeit v_i ist gleich der resultierenden Kraft infolge über der Körpermasse verteilter Kräfte F_i und infolge des symmetrischen Spannungstensors σ_{ij} an dem Oberflächenelement dA mit der äußeren Normalen n_j:

$$\Big(\int_V \varrho\, v_i\, dV\Big)^{\cdot} = \int_V \varrho\, F_i\, dV + \int_A \sigma_{ij}\, n_j\, dA . \tag{29}$$

Als Formen des Energieaustausches werden nur Wärme und mechanische Arbeit berücksichtigt. Dann ist die Summe von kinetischer und innerer Energie (letztere mit Voraussetzung einer spezifischen inneren Energie u berechnet) gleich der Summe der Wärmezufuhr durch die Oberfläche A infolge des Wärmeflusses g_i und der Leistung der Massen- und Oberflächenkräfte:

$$\left(\int_V \frac{1}{2} v_i\, v_i\, dV\right)^{\cdot} + \left(\int_V \varrho\, u\, dV\right)^{\cdot} = -\int_A g_i\, n_i\, dA + \int_V \varrho\, F_i\, v_i\, dV + \int_A \sigma_{ij}\, n_j\, v_i\, dA . \tag{30}$$

Mit Voraussetzung einer spezifischen Entropie $\varkappa$ lautet die Entropieproduktionsungleichung

$$\left(\int_V \varrho\, \varkappa\, dV\right)^{\cdot} \geqq -\int_A \frac{g_i}{\theta} n_i\, dA , \tag{31}$$

wobei θ die absolute Temperatur bezeichnet. Diese gegenwärtig in der Kontinuumsmechanik am häufigsten gebrauchte Formulierung des zweiten Hauptsatzes kann im Fall des Ungleichheitszeichens nicht unmittelbar durch Messung, sondern nur über die aus (31) erhaltenen Folgerungen begründet werden [10].

Die Temperatur ist bei uns räumlich und zeitlich konstant θ_0. Mittels des Satzes von GAUSS-OSTROGRADSKI,

$$\int_V v_{i,i}\, dV = \int_A v_i\, n_i\, dA , \tag{32}$$

($(\ )_{,i}$ — partielle Ableitung nach der i-ten Koordinate) und der Hilfsformel für den Skalar φ [11],

$$\Big(\int_V \varphi\, dV\Big)^{\cdot} = \int_V (\dot\varphi + \varphi\, v_{i,i})\, dV , \tag{33}$$

entsteht aus (28), . . . , (31)

$$\sigma_{ij}\, v_{i,j} \geqq \varrho\, (u - \theta_0\, \varkappa)^{\cdot} . \tag{34}$$

Für ursprünglich homogene Dichte und Vernachlässigung von Dichteänderungen infolge der infinitesimalen Verzerrungen benutzen wir die freie Energie je Volumeneinheit

$$\dot F = \varrho\, (u - \theta_0\, \varkappa)^{\cdot} , \tag{35}$$

so daß (34) mit $\dot\varepsilon_{ij}$ als symmetrischem Anteil von $v_{i,j}$ in der Form

$$\sigma_{ij}\, \dot\varepsilon_{ij} = \dot F + \dot D \tag{36}$$

geschrieben werden kann, wobei die Dissipationsleistung je Volumeneinheit $\dot D$ die Ungleichung

$$\dot D \geqq 0 \tag{37}$$

erfüllen muß.

2.3. Materialgesetze

Die schon vorliegenden Deformationsgesetze sind materialtypisch. Sie geben die Spannung in Abhängigkeit von den Zustandsparametern an. Um die Verträglichkeit der Deformationsgesetze mit den Beziehungen (36), (37) zu prüfen, setzen wir die freie Energie F als stetige, glatte Funktion der Zustandsparameter an. Dieser

Ansatz ist ebenfalls materialtypisch. Ein thermodynamisch zulässiges Materialgesetz besteht dann aus diesem Ansatz und dem Deformationsgesetz, sofern alle Gleichungen mit (36), (37) im Einklang stehen. Benutzt man für die freie Energie und die Dissipationsleistung die mittels Modelltheorie gefundene Speicherenergie (25) und Verlustleistung (26), so ist dies wegen (14), (21), (23) und der Analogie zu (7) erfüllt. Die Bestimmung von F aus dem Deformationsgesetz (24) und (36), (37) ohne Modellvorstellungen gelingt nur in viskoelastischen Spezialfällen von (24) [5]. Bei linearer Viskoelastizität stimmt (25) mit dem Ergebnis der klassischen Thermodynamik irreversibler Prozesse [12] überein. Wenn in den nichtlinear-viskoelastischen Gleichungen (24.1) mit $\alpha = 1\ (1)\ N$ (24.2), (24.4), (24.5) die rein viskosen Anteile nicht auftreten und der zeitliche Approximationsbereich bedeutend größer als die größte Retardationszeit $T\,\theta_\alpha$ bzw. $T\vartheta_\alpha$ ist, führt eine quasistatische Belastung zu Gleichung (25). Für nichtlineares KELVINmaterial gemäß (18) erzwingen die Beziehungen (36), (37) ebenfalls einen Ausdruck, der in (25) enthalten ist. Der letzte Fall wird an der eindimensionalen Spezialisierung (27) erläutert. Die freie Energie hänge vom Zustandsparameter ε ab:

$$F = F(\varepsilon)\,. \tag{38}$$

Die Gleichungen (27), (36), (37), (38) liefern

$$\left[f_{V1}\,(a\,\varepsilon + \dot{\varepsilon}) - \frac{dF(\varepsilon)}{d\varepsilon}\right]\dot{\varepsilon} \geqq 0\,. \tag{39}$$

Die eckige Klammer muß für alle ε zugleich mit $\dot{\varepsilon}$ das Vorzeichen wechseln, so daß die freie Energie durch

$$\frac{dF(\varepsilon)}{d\varepsilon} = f_{V1}\,(a\,\varepsilon) \tag{40}$$

bis auf eine willkürliche Konstante bestimmt ist.

An dieser Stelle seien noch die Folgerungen diskutiert, die sich für eine in einem gewissen Intervall $-\Delta x + x_1 \leqq x \leqq x_2 + \Delta x$, $\Delta x, x_1, x_2 > 0$, streng monoton fallende Materialfunktion $f_{V1}(x)$ ergeben. Ein Dehnungszyklus

$$\begin{aligned} a\,\varepsilon &= x_1 \cdots x_2\,, \quad \dot{\varepsilon} > 0\,, \quad \varepsilon > 0\,,\\ a\,\varepsilon &= x_2 \cdots x_1\,, \quad \dot{\varepsilon} < 0\,, \quad \varepsilon > 0 \end{aligned} \tag{41}$$

ergibt an diesem Material die Arbeit

$$W = \oint \sigma\, d\varepsilon = \oint \left[f_{V1}\,(a\,\varepsilon + \dot{\varepsilon}) - f_{V1}(a\,\varepsilon)\right] d\varepsilon + \oint f_{V1}(a\,\varepsilon)\, d\varepsilon < 0\,, \tag{42}$$

in der das letzte Integral verschwindet und das erste sowohl für den Hinweg als auch für den Rückweg negativ wird. Bei zeitlich unbegrenzter Gültigkeit von (27) wäre der Zustand des Materials, das diesem Zyklus unterworfen wurde, nicht von dessen Ausgangszustand zu unterscheiden. Mit der Voraussetzung der alleinigen Energiezufuhr von außen in Form von Wärme käme die negative Arbeit (42) einer Verletzung des zweiten Hauptsatzes in seiner klassischen Formulierung [13] gleich, ohne daß wir dabei vom Entropiebegriff Gebrauch machen. Die Dissipationsungleichung (37) als schärfere Aussage des zweiten Hauptsatzes bleibt wegen ihrer differentiellen Form unberührt von der zeitlichen Begrenzung der Zustandsdefinition. Sie wird an jedem Punkt des obigen Zyklus verletzt. Deshalb ist auszuschließen, daß $f_{V1}(x)$ streng monoton fällt. Die Erfüllung dieser strengen Forderung durch die viskoelastischen Materialfunktionen von (24) ist nicht notwendig. Die streng monoton wachsenden viskoelastischen Materialfunktionen von (24) sind jedoch hinreichend für die Erfüllung von (37).

3. Zusammenfassung

Bereits vorliegende Deformationsgesetze, die die Eigenschaften Elastizität, Viskosität und Plastizität systematisch vereinen, wurden thermodynamisch untersucht. Durch Einführung eines Dämpfers, dessen Belastung weg- und geschwindigkeitsabhängig ist, konnte die Modelldarstellung für diese Deformationsgesetze beibehalten und damit die am Volumenelement des Materials verrichtete Leistung in einen gespeicherten und einen Verlustanteil aufgespaltet werden. Mit den Deformationsgesetzen wurde ein Zustandsbegriff verknüpft, der die Charakterisierung des Materialelementes durch einzelne Parameter zu einem gegebenen Zeitpunkt ohne Berücksichtigung der Begrenzung des zeitlichen Approximationsintervalls enthält. Die aus der Modelldarstellung ermittelte gespeicherte Energie liefert Materialannahmen für die Abhängigkeit der freien Energie von den Zustandsparametern, die zusammen mit den Deformationsgesetzen die für thermomechanische Bedingungen gültige Dissipationsungleichung erfüllen.

Literatur

1 BERGANDER, H., Die Beschreibung des nichtlinearen Deformationsverhaltens von Plasten durch das Modellstruktursystem, Diss. TU Dresden 1969.
2 BERGANDER, H., Deformationsgesetze des Modellstruktursystems, ZAMM 52, S. 397–408 (1972).
3 Гуль, В. Е., Структура и прочность полимеров, Москва 1971.
4 ROSEN, B., Fracture Processes in Polymeric Solids, New York 1964.

5 BALKE, H., GÖBEL, K., Untersuchung der Anwendbarkeit energetischer Anstrengungshypothesen auf reale Materialien mit nichtlinear-rheonomem Deformationsverhalten, Diss. TU Dresden 1972.
6 Седов, Л. И., Механика сплошной среды, том **1**, Москва 1970.
7 MEIXNER, J., TIP Has Many Faces, enthalten in PARKUS, H., SEDOV, L. I., Irreversible Aspects of Continuum Mechanics and Transfer of Physical Characteristics in Moving Fluids, Symposia Vienna 1966, Wien 1968. S. 237–249.
8 ERINGEN, A. C., Mechanics of Continua, New York 1967.
9 TRUESDELL, C., The Elements of Continuum Mechanics, Berlin 1966.
10 MEIXNER, J., Processes in Simple Thermodynamics Materials, Archive for Rational Mechanics and Analysis **33**, S. 33–53 (1969).
11 PRAGER, W., Einführung in die Kontinuumsmechanik, Basel 1961.
12 BIOT, M. A., Theory of Stress-Strain Relation in Anisotropic Viscoelasticity and Relaxation Phenomena, J. Appl. Phys. **26**, S. 1385 (1954).
13 PLANCK, M., Thermodynamik, Berlin 1954.

Eingereicht am 9. 4. 1973

Anschrift: Dr.-Ing. HERBERT BALKE, TU Dresden, Sektion Grundlagen des Maschinenwesens, Bereich Statik und Festigkeitslehre, 8027 Dresden, Salvador-Allende-Platz 3, DDR

ZAMM 54, 241 – 245 (1974)

D. F. BRINK / W. L. CHOW

The Development of Jet Mixing Toward the Asymptotic Similar Solution[1])

In der Arbeit wird analytisch untersucht, wie sich ein ursprünglich nichtähnliches Geschwindigkeitsprofil bei einem Strahlmischvorgang nach der am Ende asymptotischen ähnlichen Lösung hin entwickelt. Die entsprechenden Gleichungen für die inkompressible Grenzschicht werden mit Hilfe der asymptotischen Integrationsmethode von Meksyn für beide Ströme unterhalb und oberhalb der vorkommenden Stromlinie gelöst. Es wird genau beschrieben und diskutiert, wie sich diese Entwicklung der Strömung zu der schließlichen ähnlichen Lösung unter dem Einfluß der Anfangsbedingung verhält.

An analytic study of the development of an initially non-similar jet mixing velocity profile toward the final asymptotic, similar solution is made. The corresponding incompressible boundary layer equations are solved for each of the streams above and below the dividing streamline by using Meksyn's asymptotic method of integration. The behavior of this flow development toward the final similar solution, as influenced by the initial condition, is properly described and discussed.

В работе исследуется аналитически вопрос о том, как происходит при смешении потоков развитие первоначально неподобного профиля скоростей в конце к асимптотно подобному решению. Соответствующие уравнения решаются для несжимаемого пограничного слоя с помощью асимптотного итерационного метода Мэксына для обеих потоков сверху и снизу существующей линии потока. Подробно описывается и обсуждается вопрос о том, как влияют начальные условия на развитие потока к в конце подобному решению.

Introduction

Jet mixing is an important flow component in separated flow problems. The low energy fluid originally entrained within the shear layer in the proximity of the solid wall can be energized through the jet mixing process after separation and prepare itself for the subsequent reattachment or realignment of the flow. The interaction between the viscid and the inviscid streams influences and determines the overall flow field. Flow problems of this type may be properly classified as *strong interaction*. The fact that the flow conditions downstream of separation throughout the reattachment and redevelopment contribute equally to the establishment of the overall flow pattern properly illustrates the typical elliptic behavior of all separated flow problems. Many investigations have been carried out to study constant pressure jet mixing, as a major portion of the wake is under an essentially constant pressure condition. With idealized uniform approaching flow, this mixing flow field exhibits similarity; the governing partial differential equations can be reduced into an ordinary differential equation through suitable transformations and the solution of the problem is thereby greatly simplified. Previous solutions by CHAPMAN [1] and CRANE [2] provided typical results for laminar and turbulent jet mixings of this nature. In all practical flow situations, however, the velocity profile of the approaching flow always has the shape of a wall boundary layer; thus similarity can never be observed, although the flow develops continuously toward the asymptotic similar state far downstream. This process of development is important since it provides the initial conditions for the subsequent reattachment [3] and redevelopment of the flow. Beside the direct finite difference numerical calculations, such as that suggested by BAUM, et. al. [4], no adequate method of analysis for this flow development has been suggested. The present study discusses the features of this process of flow development. It is a specific part of a more general investigation [5] of the non-similar jet mixing process, in which MEKSYN's asymptotic method of solution of the boundary layer equations [6] provides the basic techniques for obtaining the solution.

Analytical considerations and results

Since the compressible flow can be transformed into a corresponding incompressible flow, e.g., through a STEWARTSON-ILLINGWORTH transformation [7], it is sufficient to consider the following basic equations for the equivalent incompressible flow

$$\frac{\partial u}{\partial x} + \frac{\partial v}{\partial y} = 0\,, \tag{1}$$

$$u\,\frac{\partial u}{\partial x} + v\,\frac{\partial u}{\partial y} = \nu\,\frac{\partial^2 u}{\partial y^2}\,, \tag{2}$$

which can be reduced into

$$f_{\eta\eta\eta} + f\,f_{\eta\eta} = 2\,\xi\,(f_\eta\,f_{\xi\eta} - f_\xi\,f_{\eta\eta}) \tag{3}$$

[1]) This work was based on the Ph. D. thesis of the first author.

through the transformational relations of

$$\psi = \sqrt{2\,\xi\,U\,\nu\,L}\,f(\xi,\eta)\,,$$

$$u = \frac{\partial\psi}{\partial y} = U\,f_\eta\,, \qquad -v = \frac{\partial\psi}{\partial x} = \sqrt{\frac{U\,\nu}{2\,\xi\,L}}\,(f + 2\,\xi\,f_\xi - \eta\,f_\eta)$$

where

$$\xi = \frac{x}{L} \quad \text{and} \quad \eta = \sqrt{\frac{U\,L}{2\,\nu\,\xi}}\,\frac{y}{L}\,.$$

L being any reference length, U the velocity at $y \to \infty$ and ν the kinematic viscosity.

The boundary conditions for equation (3) are

$$f(\xi, 0) = 0\,, \qquad f_\eta\,(\xi, \eta \to +\infty) = 1\,, \qquad f_\eta\,(\xi, \eta \to -\infty) = 0$$

if a stagnate wake is assumed. The initial section of the constant pressure jet mixing region is located at ξ_0 Its velocity profile is completely arbitrary and can be established from calculation of the upstream boundary layer flow or non-similar mixing flow. It is because of this initial profile which is not compatible with the requirement of similar jet mixing that the subsequent flow development is non-similar. However, due to the parabolic nature of the basic equation it develops continuously toward the similar flow far downstream.

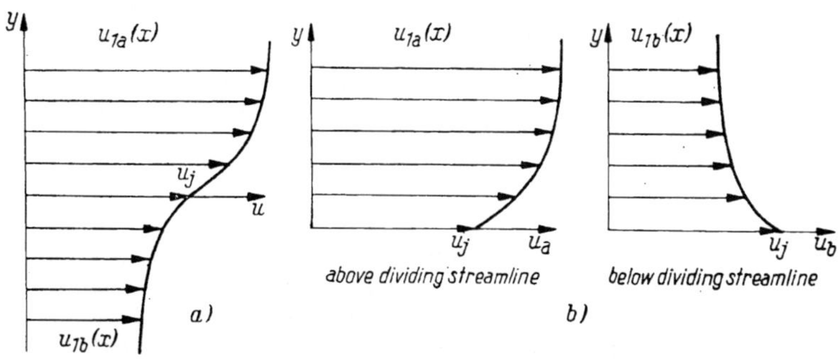

Fig. 1a. Mixing profile Fig. 1b. Corresponding two boundary layer flow problems

Fig. 1. Illustration of the mixing profile and its corresponding two boundary layer flow problems

One now splits the mixing region along the ξ axis into two parts and realizes that each part constitutes a problem of the boundary layer type as shown in Figure 1. Each individual flow problem is governed by the same equation. The final solution to the problem is obtained by joining the two parts along the dividing streamline and imposing the conditions that the solutions for the two subregions should produce the same velocity and velocity gradient in the original system of coordinates.

One may seek the solutions for both problems by assuming that

$$f(\xi,\eta) = \sum_{n=1}^{\infty} \frac{a_n(\xi)}{n!}\,\eta^n = a_1(\xi)\,\eta + \frac{a_2(\xi)}{2!}\,\eta^2 + \frac{a_3(\xi)}{3!}\,\eta^3 + \cdots. \tag{4}$$

Upon substituting equation (4) into equation (3), it is found that

$$a_3 = 2\,\xi\,a_1\,a_1'\,, \qquad a_4 = 2\,\xi\,a_1\,a_2' - a_1\,a_2\,,$$

$$a_5 = 4\,\xi^2\,a_1^2\,a_1'' + 2\,\xi\,a_2\,a_2' - a_2^2, \ldots,$$

where primes here indicate differentiation with respect to ξ.

One now follows the scheme devised by MEKSYN by defining

$$F(\xi,\eta) = \int_0^\eta f\,d\eta = \frac{a_1}{2!}\,\eta^2 + \frac{a_2}{3!}\,\eta^3 + \frac{a_3}{4!}\,\eta^4 + \cdots \tag{5}$$

multiplying equation (3) by e^F and integrating twice to obtain for the upper stream

$$1 - a_1 = \int_0^\infty e^{-F}\,\Phi(\xi,\eta)\,d\eta \tag{6}$$

where

$$\Phi(\xi,\eta) = \sum_{n=0}^{\infty} \frac{b_n}{n!}\,\eta^n$$

with

$$b_0 = a_2\,, \qquad b_1 = 2\,\xi\,a_1\,a_1'\,, \qquad b_2 = 2\,\xi\,a_1\,a_2'\,,$$

$$b_3 = 6\,\xi\,a_1^2\,a_1' + 4\,\xi^2\,a_1^2\,a_1'' + 2\,\xi\,a_2\,a_2'\,, \ldots$$

Upon evaluating the integral on the right-hand side of equation (6) by the method of steepest descent, one obtains

$$1 - a_1 = \sum_{m=0}^{\infty} d_m \, \Gamma\left(\frac{m+1}{2}\right) \tag{7}$$

where

$$d_0 = \frac{a_2}{\sqrt{2}\, a_1}, \qquad d_1 = 2\,\xi\, a_1' - \frac{a_2^2}{3\, a_1^2},$$

$$d_2 = \frac{1}{a_1}\sqrt{\frac{2}{a_1}}\left[\xi\, a_1\, a_2' - \frac{5}{4}\,\xi\, a_2\, a_1' + \frac{5}{24}\frac{a_2^3}{a_1^2}\right],$$

$$d_3 = \frac{1}{15}\frac{a_2^2}{a_1^2} - \frac{4}{5}\,\xi\,\frac{a_2\, a_2'}{a_1^2} - \frac{4}{3}\,\xi^2\,\frac{a_1'^2}{a_1} + 2\,\xi\,\frac{a_2^2\, a_1'}{a_1^3} - \frac{8}{27}\frac{a_2^4}{a_1^5} + 2\,\xi\, a_1' + \frac{4}{3}\,\xi^2\, a_1'', \ldots$$

For the lower stream, one follows a similar manipulation to obtain

$$-a_1 = \sum_{m=0}^{\infty} d_m' \, \Gamma\left(\frac{m+1}{2}\right) \tag{9}$$

where

$$d_m' = -d_m \quad \text{if } m \text{ is even or zero}$$

and

$$d_m' = d_m \quad \text{if } m \text{ is odd.}$$

Equations (7) and (9) constitute a set of equations for the unknown functions $a_1(\xi)$ and $a_2(\xi)$. Once they are determined the mixing profile can easily be established through additional straight-forward calculations.

It is expected that the terms in each of the infinite series (7) and (9) would contribute equally such that the same number of terms of each series should be retained when the truncation process is carried out. The solution

$$a_1 = \frac{1}{2} \qquad \text{and} \qquad a_2 = \frac{1}{2\sqrt{\pi}}$$

from the one-term representation of the series provides the crudest approximation of the flow as no information concerning the initial condition is needed. For the two-term representation of the series, one obtains from equations (7) and (9)

$$\frac{\xi\, da_1}{d\xi} = \frac{1}{2}(1 - a_1) - \frac{1}{4} + \frac{1}{12\,\pi\, a_1}, \tag{10}$$

$$a_2 = \sqrt{\frac{a_1}{2\,\pi}}. \tag{11}$$

The asymptotic condition (identified by subscript ∞) can be obtained by solving for a_1, after setting $da_1/d\xi = 0$, to yield

$$a_{1\infty} = \frac{1}{4}\left(1 + \sqrt{1 + 8/3\,\pi}\right). \tag{12}$$

Equation (10) can now be conveniently expressed by

$$\frac{da_1}{d \ln \xi} = \frac{a_{1\infty} - a_1}{2}\left(1 + \frac{1}{6\,\pi\, a_1\, a_{1\infty}}\right). \tag{13}$$

Since the term within the bracket in the above equation is always positive, any a_1 value different from $a_{1\infty}$ would produce a change which is proportional to the difference and in the direction of reducing the difference — a behavior typical of relaxation processes. Thus, for any given initial value of a_1 at ξ_0 corresponding to a non-similar initial velocity profile, the resulting mixing process is such that the velocity profile will tend to the asymptotic similar solution far downstream.

For the three-term representation of the series in equations (7) and (9), a pair of first-order ordinary differential equations in a_1 and a_2 is produced. Due to their autonomous character, the resulting equations can be combined to give

$$\frac{da_2}{da_1} = \frac{\sqrt{\dfrac{2\,a_1}{\pi}} + \dfrac{5}{8}\dfrac{a_2}{a_1} - \dfrac{13}{4}\,a_2}{\dfrac{1}{2} - a_1 + \dfrac{1}{3}\left(\dfrac{a_2}{a_1}\right)^2}, \tag{14}$$

where the variable ξ is completely eliminated from the equation. One now recognizes that a_2 can be treated as a function of a_1 or vice versa. The asymptotic condition (corresponding to $da_1/d\xi = 0$ and $da_2/d\xi = 0$) is obtained when both numerator and denominator of equation (14) vanish. This would yield $a_{1\infty} = 0.5781$ and $a_{2\infty} = 0.2797$.

To integrate equation (14) initial values of both $a_1(\xi_0)$ and $a_2(\xi_0)$ are needed. This is in contrast to the previous situations where the one-term solution is independent of the initial condition and the two-term solution required $a_1(\xi_0)$ only. On the other hand for the four-term representation of the infinite series, one needs, besides $a_1(\xi_0)$ and $a_2(\xi_0)$, the value of $\frac{da_1}{d\xi}(\xi_0)$ before the resulting ordinary differential equations can be integrated. Since, according to equation (3)

$$\frac{da_1}{d\xi}(\xi_0) = \left(\frac{f_{\eta\eta\eta}}{2\,\xi\,f_\eta}\right)_{\xi = \xi_0,\, \eta = 0,} \tag{15}$$

which clearly relates to the shape of the initial velocity profile, it is obvious that closer approximations of the infinite series in equations (7) and (9) admit a stronger influence of the initial condition to the flow solution.

With any given pair of values of a_1 and a_2, equation (14) can be integrated to establish *phase portraits*. However, it is recognized that within certain regions in the a_1-a_2 plane the infinite series in equations (7) and (9) do not converge. Meksyn [6] suggested the employment of Euler's summation scheme to evaluate the series for such a condition; it is therefore used in certain regions to improve the convergence. Also, it is known that in the neighborhood of the asymptotic limit point, the infinite series converges adequately such that no manipulation of equations (7) and (9) is needed. A more or less arbitrary scheme concerning its application to this problem has been developed. With the Euler's summation applied to the first three terms of the infinite series, one obtains

$$\frac{da_2}{da_1} = \frac{4\sqrt{\dfrac{2\,a_1}{\pi}} - \dfrac{33}{4}a_2 + \dfrac{5}{8}\dfrac{a_2}{a_1}}{\dfrac{1}{2} - a_1 + \dfrac{a_2^2}{6\,a_1^2}}, \tag{16}$$

which is employed to establish the integral curves in the a_1-a_2 plane far away from the asymptotic point. This equation is subsequently replaced by equation (14) when the slope of the phase portraits are the same for both equations (14) and (15).

The integral trajectories calculated and produced are shown in Figure 2, which clearly indicates that all curves tend to the asymptotic limit in the a_1-a_2 plane. It should be noted that although information of ξ is not needed in establishing these curves, the corresponding velocity profiles of this developing flow field cannot be computed until the precise variation of a_1 and a_2 with respect to ξ is known.[2])

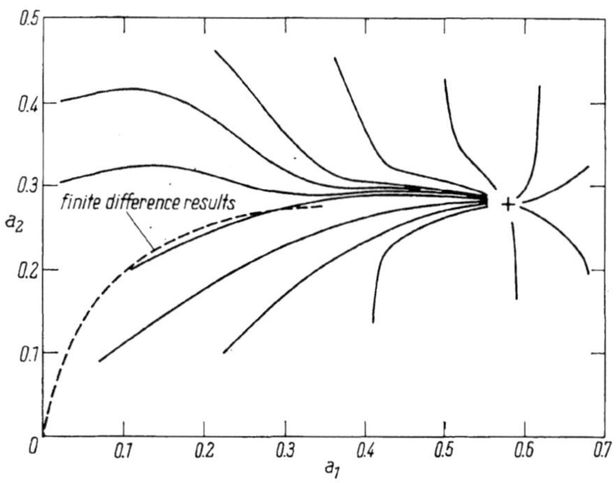

Fig. 2. Integral curves and comparison with finite difference results

Of particular interest is the development of the flow down-stream of the point of separation of a wall boundary layer ($a_1 = 0$, $a_2 = 0$). A set of conditions of the flow past an elliptic cylinder investigated by Schubauer [8] was calculated by Meksyn [6] to produce the ξ value and the velocity profile at the point of separation. With these data as the initial condition numerical finite difference calculations have also been performed for the subsequent developing flow and the results are also presented in Figure 2. The agreement between the numerical results supports the present considerations of this developing flow process.

Conclusion

The method developed by Meksyn in dealing with boundary layer flow problems is interesting and useful. It provides an effective tool to solve problems of the boundary layer type especially when a non-similar flow situation prevails. However, the infinite series resulting from the integration by the method of steepest descent often diverges in certain parts of the domain. To evaluate this series, one has to resort to Euler's transformation, and no guidance is provided as to the extent and number of times that this transformation should be applied. Arbitrary decision was necessarily introduced in performing any practical numerical

[2]) With given initial conditions this relation is usually obtained through numerical integration.

calculations. However, even under such situations where poor convergence of the series has been observed, qualitative character of the flow development toward the final asymptotic solution is fully illustrated by such an analytical scheme.

Acknowledgement

The authors would like to express their appreciation to the National Aeronautics and Space Administration, Lewis Research Center, Cleveland, Ohio, U.S.A., for their partial support of this research through Grant NGL 14-005-140.

References

1 Chapman, D. R., Laminar Mixing of a Compressible Fluid, NACA TN 1800, 1949.
2 Crane, L. J., The Laminar and Turbulent Mixing of Jets of Compressible Fluid, Part II: The Mixing of Two Semi-Infinite Streams, J. Fluid Mech., **3**, pp. 81–92 (1957).
3 Chow, W. L., Recompression of a Two-Dimensional Supersonic Turbulent Free Shear Layer, Developments of Mechanics, **6**, Proceedings of the 12th Midwestern Mechanics Conference, August 1971, University of Notre Dame Press, Notre Dame, Indiana, pp. 319–332.
4 Denison, M. R. and E. Baum, Compressible Free Shear Layer with Finite Initial Thickness, AIAA Journal, **1**, pp. 342–349 (1963).
5 Brink, D. F. and Chow, W. L., Jet Mixing Under the Influence of a Pressure Gradient, NASA CR-117836, also ME-TR-395-1, Department of Mechanical and Industrial Engineering, University of Illinois at Urbana-Champaign, Urbana, Illinois, 1971.
6 Meksyn, D., New Methods in Laminar Boundary-Layer Theory, Pergamon Press, New York, 1961.
7 Schlichting, H., Boundary Layer Theory, McGraw-Hill Book Co., Sixth Edition, 1968, pp. 324.
8 Schubauer, G. B., Air Flow in a Separating Boundary Layer, NACA TR 527, 1935.

Eingereicht am 17. 8. 1972 (gekürzte Fassung am 24. 4. 1973)

Anschrift: D. F. Brink, School of Engineering, Old Dominion University, Norfolk, Virginia, USA,
W. L. Chow, Department of Mechanical Engineering, University of Illinois, Urbana, Illinois, USA

ZAMM 54, 247–257 (1974)

J. Brechling

Die Beeinflussung der Stabilität von Laminarströmungen durch die Eigenschaften der Wände*) **)

Die Entwicklung von Störbewegungen in einer Laminarströmung kann durch Bewegung der die Strömung begrenzenden Wände weitgehend variiert werden. Im einzelnen untersucht wird das Problem der passiven Beeinflussung, bei der die Wandbewegung durch die Störströmung selbst angeregt wird. Zur Berechnung der Stabilität wird ein geeignetes Rechenverfahren zur Integration der Sommerfeldschen Gleichung als Eigenwertaufgabe entwickelt.

The propagation of perturbed laminar flow can be widely varied by the motion of the walls limiting the flow. The paper investigates in detail the problem of passive influence in which the wall motion is induced by the laminar flow itself. To obtain the stability conditions a suitable method is developed for integrating Sommerfeld's equation as eigenvalue problem.

Путём перемещения ограничивающих течение стенок возможно в большой мере влиять на развитие движения возмущения в ламинарном потоке. В частности исследуется вопрос пассивного влияния, при котором движение стенок побуждается самым течением возмущения. Для расчёта стабильности приведен пригодный метод интегрирования уравнения Зоммерфельда как задачи на собственное значение.

Bezeichnungen

x	— Koordinate parallel zur Grundströmung
y	— Koordinate senkrecht zur Grundströmung
c_x, c_y	— Komponenten in angegebener Richtung
c_{x_0}	— Geschwindigkeit der Grundströmung
α	— Wellenzahl der Störbewegung
β	— Kreisfrequenz der Störbewegung
δ	— zeitlicher Anregungs- bzw. Dämpfungsterm, auch verwendet für Grenzschichtdicke
$\varkappa$	— räumlicher Anregungs- bzw. Dämpfungsterm
b	— Kanalbreite (Wand bis Mitte)
t	— Zeit
ψ	— Stromfunktion der Störbewegung
f, g	— Eigenfunktionen, Komponenten von ψ
ϱ	— Dichte
ν	— kinematische Zähigkeit
p	— statischer Druck
h	— Schrittweite für Differenzenbildung
δ^*	— Verdrängungsdicke bei Grenzschichten
m	— Anzahl der Stützstellen
n	— Zählindex der Stützstellen

Parameter einer als Strömungsbegrenzung verwendeten nachgiebigen Membran:

m	— Massenbelegung
d	— Dämpfung, eingeleitet über die Bettung
k	— Bettungssteifigkeit
L	— Längsspannung
B	— Biegesteifigkeit

1. Grundlagen

Es ist bekannt, daß die meisten Laminarströmungen bei Überschreitung einer bestimmten Reynoldszahl zum Umschlag in turbulente Strömungen neigen. Die Möglichkeit des Umschlags ergibt sich aus der Instabilität dieser Laminarströmungen gegen bestimmte Störungen, die aus infinitesimal kleinen Intensitäten derart anwachsen, daß die zuerst geordnete Störbewegung durch Einwirkung auf sich selbst schließlich in die turbulente Strömung übergeht.

Physikalisch bedeutet das Auftreten der Störungen in der nicht drehungsfreien Strömung eine Verlagerung der Drehungsintensitäten. Im folgenden wird immer vorausgesetzt, daß nur Drehungen um Achsen senkrecht zur Strömungsebene auftreten, so daß auch die Störbewegung rein zweidimensional bleibt. Dann kann für diese die Stromfunktion ψ und die Drehungsintensität γ nach

$$c_x = \frac{\partial \psi}{\partial y}\,; \qquad c_y = -\frac{\partial \psi}{\partial x}\,; \qquad \gamma = \frac{\partial^2 \psi}{\partial x^2} + \frac{\partial^2 \psi}{\partial y^2} = \Delta\psi \tag{1), (2}$$

eingeführt werden.

Die räumliche und zeitliche Entwicklung der Drehungsintensität in einer Laminarströmung, deren Geschwindigkeitsvektor parallel zur x-Achse liegt und deren Geschwindigkeit nur von y abhängt, wird durch die partielle Differentialgleichung

$$\frac{\partial \Delta\psi}{\partial t} + \left(\frac{\partial \psi}{\partial y} + c_{x0}(y)\right)\frac{\partial \Delta\psi}{\partial x} - \frac{\partial \psi}{\partial x}\left(\frac{\partial \Delta\psi}{\partial y} + \frac{\partial^2 c_{x0}}{\partial y^2}\right) = \nu \Delta\Delta\psi \tag{3}$$

beschrieben. Bei hinreichend kleiner Intensität der Störbewegung können die in ψ quadratischen Glieder vernachlässigt werden. Es folgt die als Sommerfeldsche Gleichung bekannte lineare partielle Differential-

*) Auszug aus der Dissertation des Verfassers, Technische Universität Dresden 1971.

**) Meinem verehrten Lehrer, Herrn Prof. Dr. W. Albring, danke ich für sein Interesse und seine Bemühungen zu dieser Arbeit.

gleichung 4. Ordnung

$$\frac{\partial \Delta\psi}{\partial t} + c_{x0}(y)\frac{\partial \Delta\psi}{\partial x} - \frac{\partial^2 c_{x0}}{\partial y^2}\frac{\partial \psi}{\partial x} = \gamma \Delta\Delta\psi . \tag{4}$$

Zur Integration dieser Gleichung als Eigenwertproblem wird der Schwingungsansatz

$$\psi(x, y, t) = \exp(\delta t)\,[f(y)\cos(\alpha x - \beta t) + g(y)\sin(\alpha x - \beta t)] \tag{5}$$

eingeführt, der die Separation der Variablen gestattet und das Problem auf die gekoppelten, linearen, gewöhnlichen Differentialgleichungen für $f(y)$ und $g(y)$

$$\delta(f'' - \alpha^2 f) - (\beta - \alpha c_{x0}(y))\,(g'' - \alpha^2 g) - \frac{\partial^2 c_{x0}}{\partial y^2}\alpha g = \nu(f^{(IV)} - 2\alpha^2 f'' + \alpha^4 f) \tag{6a}$$

$$\delta(g'' - \alpha^2 g) + (\beta - \alpha c_{x0}(y))\,(f'' - \alpha^2 f) + \frac{\partial^2 c_{x0}}{\partial y^2}\alpha f = \nu(g^{(IV)} - 2\alpha^2 g'' + \alpha^4 g) \tag{6b}$$

führt.

2. Integration der Differentialgleichungen

Die Homogenität der Differentialgleichungen und der im nächsten Abschnitt behandelten Randbedingungen empfiehlt die Behandlung der Gleichungen als Eigenwertaufgabe. Anderenfalls wären Informationen über Intensität und Verteilung einer Anfangsstörung notwendig, die im allgemeinen nicht beschaffbar sind.

Als Eigenwertparameter werden die Koeffizienten δ und β des Ansatzes (5) verwendet. Diese Wahl hat einige Vorteile gegenüber anderen möglichen Kombinationen. Das Integrationsverfahren soll jeweils nur ein Eigenwertpaar liefern. Verfahren, die sämtliche Eigenwerte liefern, sind wegen des damit verbundenen hohen Rechenaufwands ungeeignet.

Für das Eigenwertproblem werden in der Literatur außer dem Tollmienschen Verfahren [10] verschiedene numerische Integrationsverfahren [3], [11], [12] angegeben. Allen Verfahren sind die bei hohen Reynoldszahlen auftretenden Schwierigkeiten gemeinsam. Besonders die als Anfangswertaufgabe arbeitenden Verfahren, z. B. nach Landahl [12], erfordern spezielle Stabilisierungsmaßnahmen. Deshalb wurde der Behandlung als Differenzen-Randwertaufgabe mittels eines linearen Gleichungssystems, auf dieses Problem erstmals angewandt durch Thomas [3], der Vorzug gegeben. Beachtung verdient ein von Orszag [8] angegebenes Kollokationsverfahren, das die Eigenfunktionen mittels Tschebyscheffpolynomen approximiert und außerordentlich genaue Ergebnisse liefert.

Zur numerischen Auswertung wurde das in der Literatur unter der Bezeichnung ,,Gebrochene Iteration in Verbindung mit Spektralverschiebung zur Berechnung der Eigenwerte und -vektoren von Matrizen“ bekannte Verfahren[1]) verwendet. Um dieses Verfahren heranziehen zu können, wird die durch (6) und die im Abschnitt 3 behandelten Randbedingungen definierte Eigenwertaufgabe diskretisiert. Die Stützstellen werden äquidistant mit der Schrittweite h angeordnet.[2])

Die Ableitungen der Funktionen nach y werden durch Differenzenformeln über 7 Stützstellen ausgedrückt:

$$\begin{aligned}
z_n' &= \frac{1}{60h}(-z_{n-3} + 9z_{n-2} - 45z_{n-1} + 45z_{n+1} - 9z_{n+2} + z_{n+3})\\
z_n'' &= \frac{1}{180h^2}(2z_{n-3} - 27z_{n-2} + 270z_{n-1} - 490z_n + 270z_{n+1} - 27z_{n+2} + 2z_{n+3})\\
z_n''' &= \frac{1}{8h^3}(z_{n-3} - 8z_{n-2} + 13z_{n-1} - 13z_{n+1} + 8z_{n+2} - z_{n+3})\\
z_n^{(IV)} &= \frac{1}{6h^4}(-z_{n-3} + 12z_{n-2} - 39z_{n-1} + 56z_n - 39z_{n+1} + 12z_{n+2} - z_{n+3}) .
\end{aligned} \tag{7}$$

Grundsätzlich wären auch Differenzenformeln über 5 Stützstellen verwendbar, jedoch wegen der Beschränkung des Approximationsfehlers nur in Verbindung mit sehr kleinen Schrittweiten, die zu unvertretbar hohen Stützstellenzahlen führen. Das Fehlerverhalten der Formeln (7) ist, bedingt durch den Faktor h^4 in den Restgliedern, weit günstiger. Die Einführung einer Ersatzfunktion im Sinne des Mehrstellenverfahrens [9], die bei Anwendung der Differenzenformeln über 5 Stützstellen für die Eigenfunktionen ebenfalls ein Restglied der Ordnung h^4 ergibt, ist möglich, wegen Schwierigkeiten mit der Formulierung der Randbedingungen jedoch nicht empfehlenswert.

---

[1]) Angegeben von H. Wielandt; entnommen aus [5].

[2]) Die Stützstellen werden durchnumeriert. Stützstelle 0 liegt auf dem als Anfang, Stützstelle m auf dem als Ende vereinbarten Rand.

Für die Stützstellen 0 und m werden die unsymmetrischen Differenzenformeln

$$\begin{aligned} z_0' &= \frac{1}{60h}(2z_{-2} - 24z_{-1} - 35z_0 + 80z_1 - 30z_2 + 8z_3 - z_4) \\ z_0'' &= \frac{1}{180h^2}(-13z_{-2} + 228z_{-1} - 420z_0 + 200z_1 + 15z_2 + 12z_3 + 2z_4) \\ z_0''' &= \frac{1}{8h^3}(-z_{-2} - 8z_{-1} + 35z_0 - 48z_1 + 29z_2 - 8z_3 + z_4) \\ z_0^{(IV)} &= \frac{1}{6h^4}(5z_{-2} - 18z_{-1} + 21z_0 - 4z_1 - 9z_2 + 6z_3 - z_4) \end{aligned} \tag{8}$$

verwendet. Die Genauigkeit ist um eine Potenz in h geringer als die der symmetrischen Formeln (7).

Damit entsteht aus (6) und den Randbedingungen eine allgemeine Matrizeneigenwertaufgabe für die Eigenwerte δ und β. Da das angewendete Verfahren immer die Eigenfunktion mit dem betragsmäßig kleinsten Eigenwert annähert, werden δ und β in Vorgabewerte δ_v, β_v und zu bestimmende Restwerte δ_r, β_r zerlegt. Die Konvergenzgeschwindigkeit hängt vom Betrag des kleinsten Resteigenwerts zu dem des betragsmäßig nächstgrößeren ab. Eine zweifache Iteration, deren erster Teil gute Näherungen für die δ_v, β_v des zweiten Teils liefert, sichert eine schnelle Konvergenz. Praktisch sind 5 bis 8 Wiederholungen notwendig, um die größte Abweichung zweier nacheinander berechneter Eigenfunktionen des mittleren Betrags 1 auf etwa 10^{-4} zu verringern.

Das vorstehend beschriebene Iterationsverfahren setzt voraus, daß diese Zerlegung der Eigenwertanteile δ und β fehlerlos möglich ist. Für die Differentialgleichungen (6) trifft das zu, da δ und β nur linear auftreten, nicht jedoch für bestimmte Randbedingungen. Besonders für den Fall nachgiebiger Membranen als Strömungsbegrenzungen hängt deren Einfluß auf die Strömung von den Eigenwertanteilen selbst ab, so daß die Ergebnisse einen Fehler enthalten, der den Resteigenwerten proportional ist. Zur Verbesserung dieses Verhaltens ist es möglich, die linearisierte Abhängigkeit der Randbedingungsgleichungen von den Eigenwerten zu berücksichtigen.

Der beschriebene Algorithmus wurde programmiert. Die meisten Ergebnisse wurden mit einem ZRA 1-Maschinencodeprogramm berechnet. Eine ALGOL-Fassung des Programms ist in [1] mitgegegeben. Eine Rechnung für 40 Stützstellen und 5 Iterationsschritte beansprucht etwa 80000 Rechenoperationen. Meistens wurde mit 60 bis 100 Stützstellen, maximal mit 160 Stützstellen gerechnet. Für 125 Stützstellen benötigt das Codeprogramm ca. 8000, das ALGOL-Programm ca. 15000 Worte Hauptspeicherkapazität.

3. Randbedingungen

Das allgemeine Integral der Differentialgleichungen (6) enthält 8 reelle Konstanten, die die Vorgabe von je 4 Randbedingungen auf den Grenzen des Integrationsbereichs gestatten. Die einzelnen Randbedingungen werden im folgenden ohne Ableitung angegeben (diese siehe [1]). Die mit Differentialquotienten formulierten Gleichungen werden mit (8) in Differenzengleichungen umgeformt und in die Eigenwertmatrix eingetragen.

3.1. Starre, undurchlässige Wand mit Haftbedingung

Auf der Wand muß die Parallel- und die Normalkomponente der Störbewegung verschwinden. Das führt auf die Gleichung

$$f = g = f' = g' = 0 \tag{9}$$

für die Randstützstelle.

3.2. Anschluß an eine Parallelströmung konstanter Geschwindigkeit $c_{x0} = \bar{c}$

Die Randbedingung besteht darin, daß an der Übergangsstelle nur solche Störbewegungen zugelassen werden, die innerhalb der Parallelströmung im Unendlichen verschwinden.

Auf der als Anschlußstelle verwendeten Stützstelle müssen die Gleichungen

$$\begin{aligned} f'' + (\alpha + K_R) f' - K_I g' + \alpha K_R f - \alpha K_I g &= 0; \\ f''' + K_R f'' - K_I g'' - \alpha^2 f' - \alpha^2 K_R f + \alpha^2 K_I g &= 0; \end{aligned} \tag{10}$$

mit

$$K_R + i K_I = \sqrt{\alpha^2 + \frac{\delta}{\nu} + i\left(\frac{\beta}{\gamma} - \frac{\bar{c}\alpha}{\nu}\right)}$$

und zwei weitere, durch Vertauschung $f \Rightarrow g$, $g \Rightarrow -f$ entstehende Gleichungen erfüllt werden.

3.3. Nachgiebige Membran als Strömungsbegrenzung

Die nähere Diskussion der Randbedingung und des Einflusses der Wandparameter wird im Abschnitt 6 ausgeführt. Hier werden nur die Gleichungen angegeben.

Zugrunde gelegt wurde eine Membran mit den in x-Richtung unveränderlichen Parametern Massenbelegung m, Dämpfung d, Bettung k, Längsspannung L und Biegesteifigkeit B. Die Membran soll nur Transversal-, keine Longitudinalschwingungen ausführen und ohne Störbewegung im statischen Gleichgewicht sein. Dann ist das Gleichgewicht der Membran gesichert, wenn die Bedingungsgleichungen

$$\begin{aligned} (-m\beta^2 + k + L\alpha^2 + B\alpha^4)\frac{\alpha}{\beta} f - d\alpha g &= \frac{\varrho\nu}{\alpha} g''' \\ (-m\beta^2 + k + L\alpha^2 + B\alpha^4)\frac{\alpha}{\beta} g + d\alpha g &= \frac{\varrho\nu}{\alpha} f''' \end{aligned} \tag{11}$$

auf der der Ruhelage der Membran entsprechenden Stützstelle erfüllt werden.

Die Haftbedingung auf der Wand muß verallgemeinert werden. Da die Membran während ihrer Bewegung in Gebiete hineinschwingt, in denen die Geschwindigkeit der Grundströmung von Null verschieden ist, muß deren Anteil von der zu berechnenden Störströmung kompensiert werden. Das ist der Fall, wenn auf der Randstützstelle die Bedingungen

$$f' + \frac{\alpha}{\beta}\frac{\mathrm{d}c_{x0}}{\mathrm{d}y} f = g' + \frac{\alpha}{\beta}\frac{\mathrm{d}c_{x0}}{\mathrm{d}y} g = 0 \tag{12}$$

erfüllt werden.

4. Genauigkeitserprobung des Rechenverfahrens

Bedingt durch die bekannte hohe Empfindlichkeit der Ergebnisse der Eigenwertaufgabe gegen Fehler muß den Genauigkeitsfragen besondere Aufmerksamkeit gewidmet werden. Von einer Diskussion der Zulässigkeit der Linearisierung und des Ansatzes soll hier abgesehen werden. Dann verbleiben als wesentliche Fehlerquellen die Approximationsfehler der Formeln (7) und die Rundungsfehler des verwendeten Rechenautomaten. Beide Fehler sind stark von der Stützstellenanzahl m abhängig. Der Approximationsfehler nimmt mit der Zunahme von m etwa proportional zu $1/m^3$ ab. Die in Bild 1 dargestellte Beispielrechnung für eine Kanalströmung zwischen starren Wänden mit einer Sinus-Halbwelle als Grundprofil bestätigt diese Abhängigkeit. Zur Gegenüberstellung wurden auch die mit 5-stelligen Differenzenformeln anstelle der Formeln (7) berechneten δ-Werte aufgetragen. Das wesentlich schlechtere Verhalten des Approximationsfehlers (etwa proportional $1/m$) ist deutlich zu erkennen.

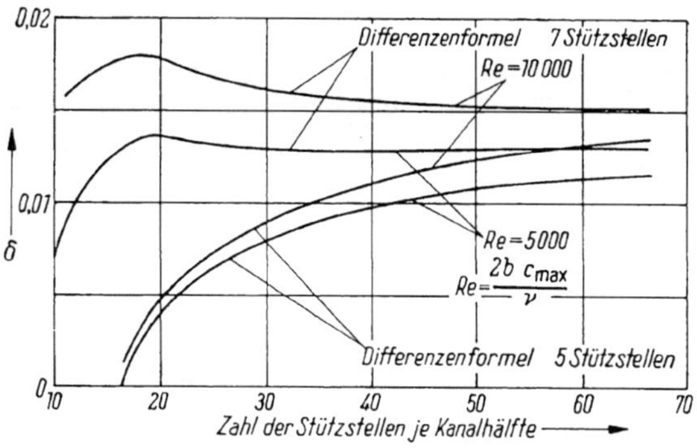

Bild 1. Die Abhängigkeit des Eigenwerts δ von der Anzahl der Stützstellen, berechnet für eine Kanalströmung mit Sinus-Profil

Mit zunehmender REYNOLDSzahl wird die erforderliche Stützstellenzahl größer. Die Zähigkeit übt eine glättende Wirkung auf die Eigenfunktion aus, so daß mit abnehmender Zähigkeit mehr Funktionswerte zur hinreichend genauen Definition des Funktionsverlaufs erforderlich werden.

Die Rundungsfehler nehmen mit steigender Stützstellenzahl m im Gegensatz zum Approximationsfehler an Bedeutung zu. Die Differenzbildung in (7) führt bei großem m dazu, daß Differenzen zwischen annähernd gleichen Zahlen gebildet werden müssen, wodurch eine erhebliche Fehlerfortpflanzung entsteht. Genaue Aussagen sind nur über die Intervallarithmetik zu gewinnen, worauf verzichtet wurde. Jedoch besteht die Möglichkeit, durch geringfügige Änderungen der Koeffizienten in den Differenzenformeln (7) die Fehlerfortpflanzung bei der Differenzenbildung, die als empfindlichste Stelle gegenüber Rundungsfehlern anzusehen ist, auf die Eigenwerte zu bestimmen. Bei 150 Stützstellen liegt die Fehlerfortpflanzung zwischen 5 und 6 Zehnerpotenzen, so daß bei einer numerischen Genauigkeit des Digitalrechners von 12 Dezimalstellen die Eigenwerte mit einem Rundungsfehler der Größenordnung 10^{-6} behaftet sind. Diese Genauigkeit wird auch durch den Vergleich der Ergebnisse für die POISEUILLEströmung mit aus der Literatur bekannten Ergebnissen bestätigt.

5. Die Stabilität von Strömungen an oder zwischen starren Wänden

Das im Abschnitt 2 dargelegte Rechenverfahren wurde zum Vergleich auf einige in der Literatur häufig untersuchte Strömungen angewendet. Besonders häufig wurden die ebene POISEUILLEströmung und die Grenzschichtströmung an der ebenen Platte ohne Druckgradient (BLASIUSprofil) als Beispiel herangezogen.

Die genauesten Eigenwerte liegen für die POISEUILLEströmung vor, da für diese Strömung das Geschwindigkeitsprofil analytisch definiert ist und die Voraussetzungen exakt erfüllt sind. In jüngster Zeit wurde durch ORSZAG [8] die Stabilität dieser Strömung mit einem außerordentlich genau arbeitenden Verfahren untersucht. Der Punkt $Re = 2bc_{\max}/\nu = 20000$, $\alpha b = 1{,}0$ soll zum Vergleich herangezogen werden.

Die erhaltenen Eigenwerte lauten

	ORSZAG [8]	THOMAS [3]	eigeneRechnung m = 125	m = 160	extrapoliert
β/α	0,23752649	0,2375259	0,2375474	0,2375345	0,2375249
δ	0,00373967	0,0037404	0,0037505	0,0037450	0,0037400

Die Genauigkeit der Eigenwerte nach [8] und auch nach [3] ist groß, jedoch war die Stellenzahl der verwendeten Digitalrechner auch außerordentlich groß (14 Dezimalstellen).

Der Rechenaufwand für jeweils einen Auswertungspunkt ist beim Verfahren [8] ca. 5mal so groß wie der des eigenen Verfahrens. Außerdem bedeutet der Übergang von der POISEUILLEströmung zu einem beliebigen, punktweise vorgegebenen Geschwindigkeitsprofil für das Verfahren [8] eine sehr erhebliche Steigerung des Rechenaufwands, während bei [3] und beim eigenen Verfahren beliebigste Profile keine Steigerung des Aufwands verursachen.

Die für die Grenzschichtströmung an der ebenen Platte aus der Literatur bekannten Werte für die kritische REYNOLDSzahl variieren in dem breiten Bereich zwischen $Re_{\text{krit}} = c_{\text{außen}}\delta^*/\nu = 420$ und $Re_{\text{krit}} = 645$ [2]. Die Ursachen dafür liegen außer in der ungenauen Erfüllung der Außenrandbedingung für die Störbewegung vor allem in Ungenauigkeiten des Integrationsverfahrens und in Unterschieden zwischen den zugrunde gelegten Geschwindigkeitsprofilen.

Den eigenen Rechnungen für Grenzschichtprofile bei Gleichdruck, Druckanstieg oder Druckabfall in Strömungsrichtung wurde ein Ansatz zugrunde gelegt, der aus einer Interpolation des punktweise gegebenen BLASIUSprofils und dem Variationspolynom nach POHLHAUSEN [6] für Druckanstieg oder Druckabfall besteht:

$$c_{x0}(y) = c_{\text{BLASIUS}}(y) + \frac{\Lambda}{6}\frac{y}{\delta}\left(1 - \frac{y}{\delta}\right)^3 \,{}^{3)} \tag{13}$$

Die Indifferenzkurven für die Grenzschichtprofile $\Lambda = 0$, $\Lambda = -6$ zeigt Bild 2. Die Abhängigkeit der kritischen REYNOLDSzahl vom Formparameter Λ zusammen mit Rechenergebnissen von SCHLICHTING und ULRICH [7] zeigt Bild 3.

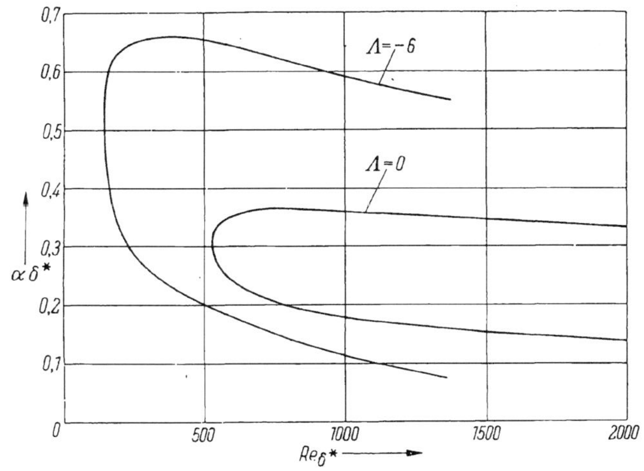

Bild 2. Indifferenzkurven für Grenzschichtströmungen $\Lambda = 0$ (BLASIUSprofil) und $\Lambda = -6$ an einer starren Wand, $Re_{\delta^*} = \delta^* c_{\text{außen}}/\nu$

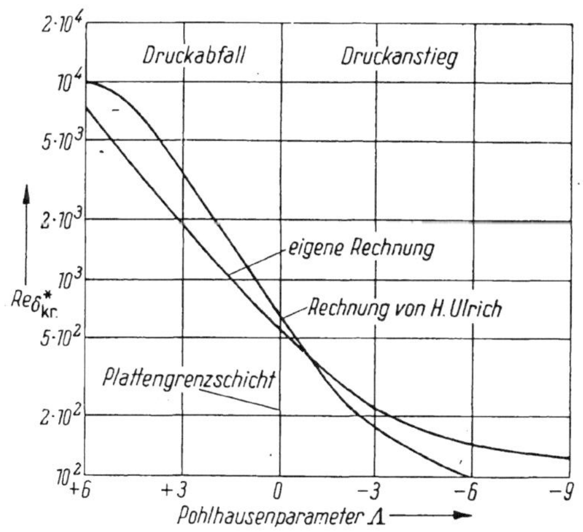

Bild 3. Abhängigkeit der kritischen REYNOLDSzahl für Grenzschichtprofile vom POHLHAUSENparameter Λ; Grenzschichtprofil $c(y) = c_{\text{BLASIUS}}(y) + \frac{\Lambda}{6}\frac{y}{\delta}\left(1 - \frac{y}{\delta}\right)^3$, $Re_{\delta^*} = \delta^* c_{\text{außen}}/\nu$

Die Übereinstimmung ist für genauere Auswertungen nicht ausreichend.

Der qualitative Vergleich der Ergebnisse mit denen des TOLLMIENschen Verfahrens [10] führt zu folgenden Aussagen:

— die Gestalt der Indifferenzkurven für sehr hohe Re-Zahlen stimmt mit den von [10] angegebenen überein; bei sehr hohen REYNOLDSzahlen sind nur Profile mit Wendepunkt instabil;
— der in [10] angegebene Phasensprung in der kritischen Schicht, d. h. der Stelle, an der die Phasengeschwindigkeit der Störung gleich der Grundströmungsgeschwindigkeit ist, tritt nicht auf; die Eigenfunktionen sind an dieser Stelle glatt;
— in der Umgebung dieser „kritischen Schicht“ ist die Wechselwirkung zwischen Grund- und Störströmung — Entnahme der Energie aus der Grundströmung — am stärksten. Die Dissipation der Energie der Störbewegung erfolgt hauptsächlich in Wandnähe.

³) POHLHAUSENparameter $\Lambda = -\frac{dp}{dx}\frac{\delta^2}{\varrho\nu c_{\text{außen}}}$.

Das Rechenverfahren liefert nicht nur die Indifferenzkurve, sondern auch Werte für den Anfachungskoeffizienten δ. Für den technisch wichtigeren Fall einer quasistationären Störbewegung muß die zeitliche Anfachung durch eine räumliche Anfachung in Strömungsrichtung ersetzt werden. Das ist möglich durch den Ansatz

$$\psi(x, y, t) = e^{\varkappa x} [f(y) \cos(\alpha x - \beta t) + g(y) \sin(\alpha x - \beta t)] . \tag{14}$$

Zur Berechnung von $\varkappa$ sind zwei Wege möglich:

- in der Eigenwertaufgabe kann δ durch $\varkappa$ ersetzt werden. Weil $\varkappa$ auch nichtlinear auftritt, empfiehlt sich eine iterative Lösung;
- durch eine Betrachtung über die Energiezufuhr an die Störbewegung und deren Energietransport kann δ in $\varkappa$ umgewertet werden. Der Zusammenhang wird durch

$$\varkappa \frac{\partial \beta}{\partial \alpha} = \delta \tag{15}$$

gegeben, worin $\frac{\partial \beta}{\partial \alpha}$ die Gruppengeschwindigkeit der Wellenbewegung ist. Infolge Dispersion ist $\frac{\partial \beta}{\partial \alpha}$ im Normalfall größer als die Phasengeschwindigkeit $\frac{\beta}{\alpha}$.

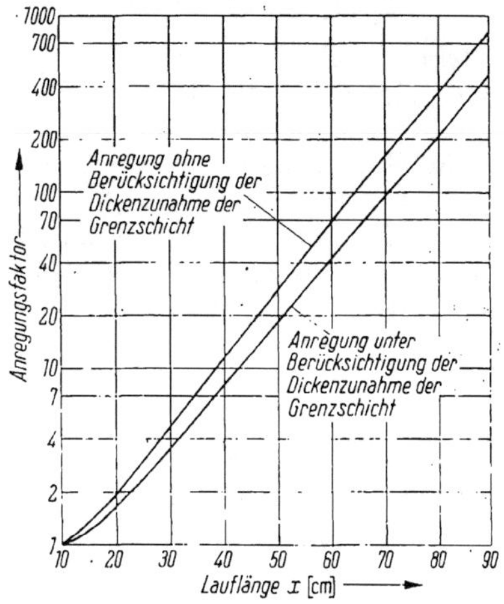

Bild 4. Anregung der Störbewegung einer Plattengrenzschicht mit $c_{\text{außen}} = 1$ m/s und $\gamma = 10^{-6}$ m²/s ab $x_{\text{krit}} = 0{,}094$ m

Die exakte erste Variante ist ausgeführt und die Beziehung (15) damit geprüft worden. Die Übereinstimmung ist bis $|\delta| \leqq 0{,}03$ hinreichend.

Der Ansatz (14) darf selbstverständlich nur bis zu solchen Störbewegungsintensitäten verwendet werden, die noch die Linearisierung gestatten. Unter dieser Voraussetzung ist die Entwicklung der Intensität der Störbewegung in einer Wasserströmung ($\nu = 10^{-6}$ m²/s) entlang einer ebenen Platte mit $c = 1$ m/s berechnet worden. Der Indifferenzpunkt liegt bei $x = 9{,}4$ cm. Die Intensitätszunahme, bezogen auf diesen Punkt, zeigt Bild 4. Bei Kenntnis der Anfangsstörung und der zum Umschlag notwendigen Intensität könnte daraus der Umschlagspunkt bestimmt werden.

Der Ansatz (14) gestattet gegenüber (5) eine übersichtlichere Behandlung der durch Gleichung (3) beschriebenen nichtlinearen Aufgabenstellung. Darauf kann hier jedoch nicht näher eingegangen werden.

6. Die Stabilität von Strömungen entlang nachgiebiger Wände

6.1. Klassifizierung der Wandeigenschaften

Durch die Einführung nachgiebiger Wände als Strömungsbegrenzungen ist eine sehr vielfältige Beeinflussung der Strömungen und besonders des Stabilitätsverhaltens möglich. Die Vielfalt der möglichen Wandparameterkombinationen erfordert die weitgehende Einschränkung der zur Untersuchung zugelassenen Wandeigenschaften und die systematische Erfassung des Einflusses der einzelnen Parameter.

Die wichtigsten Voraussetzungen sind im folgenden zusammengestellt:

- die Wände stehen mit der ungestörten Strömung im statischen Gleichgewicht, d. h. die triviale Lösung $\psi = 0$ existiert auch für die nachgiebigen Wände;
- die Wände schwingen nur transversal, d. h. jeder Wandpunkt bewegt sich nur entlang $x =$ konst.;
- die Wandbewegung soll nur durch die von der Störbewegung verursachte Schwankung des statischen Drucks auf der Wand verursacht werden. Die ebenfalls mögliche Anregung durch die Schwankung der Schubspannung wird ausgeschlossen;
- als Wände werden nur einschichtige, mechanische Membranen mit den üblichen mechanischen Eigenschaften zugelassen. Die Gleichgewichtsbedingungen für derartige Membranen wurden bereits im Abschnitt 3.3. behandelt und die zugehörigen Randbedingungen (11), (12) angegeben.

Das Stabilitätsproblem untersucht nur passive Wandbewegungen. Auf zwei einfache Fälle der Strömungsbeeinflussung durch aktive Wandbewegungen soll trotzdem hingewiesen werden:

- eine zunächst selbst angefachte Störbewegung wird ab einer bestimmten Lauflänge einer aktiven Wandbewegung mit derselben Wellenlänge und Frequenz unterworfen. Deren Einfluß auf die Störbewegung wird vor allem von der Phasenverschiebung bestimmt. Eine experimentelle Untersuchung durch WEHRMANN [14] bestätigt diesen Sachverhalt vollständig;
- durch aktive Wandbewegungen kann in der Strömung ein „eingeschwungener Zustand" hergestellt werden. Ein derartiges Beispiel wurde durch LANDAHL [12] durch Integration der aus (4) abgeleiteten inhomogenen Randwertaufgabe berechnet. Demnach ist mittels solcher Wandbewegungen ein wirksamer Antrieb der Grenzschichten möglich. Jedoch wird auf die Nebenbedingung, daß ein solcher „eingeschwungener Zustand" nur dann existiert, wenn die zugehörige Eigenwertaufgabe nur stabile Lösungen besitzt, nicht eingegangen.

Bedingt durch die erhebliche Parameteranzahl — zugelassen werden Massenbelegung, elastische Bettung, Längskraft, Biegesteifigkeit und eine über die Bettung eingeleitete Dämpfung — empfiehlt sich eine Einteilung der möglichen Störbewegungen. Eine solche ist durch BENJAMIN [4] angegeben worden:

- bei starren oder bei hinreichend steifen Wänden treten die bekannten, als SCHLICHTING-TOLLMIENsche Wellen bezeichneten Störbewegungen auf;
- an freien Oberflächen oder an entsprechend freien Oberflächen dimensionierten Wänden treten die bekannten Oberflächenwellen auf;
- eine dritte Gruppe besteht in der Überlagerung von Wellen der Typen 1 und 2. Sie tritt bei solchen Parameterkombinationen auf, die das Überwiegen verschiedener Parameter bei unterschiedlichen Wellenzahlen α gestatten.

Ein wesentlicher Vorteil des in Abschnitt 2 beschriebenen Verfahrens besteht darin, daß die Typen 1 und 2 keiner Unterscheidung bedürfen. Beim Typ 3 sind in Übergangszonen Schwierigkeiten denkbar, da die Wandschwingung mit der Störbewegung in Resonanz geraten kann.

Aus den Gleichungen (11) folgt unmittelbar, daß es für eine gegebene Strömung und gegebenes α und β gleichgültig ist, aus welchen Parametern sich der in der Klammer auf der linken Seite stehende Ausdruck zusammensetzt, so daß zwei Hilfsgrößen

$$A = \frac{\alpha^2}{\varrho\nu\beta}(-m\beta^2 + k + L\alpha^2 + B\alpha^4); \qquad B = d\frac{\alpha^2}{\varrho\nu} \tag{16}$$

eingeführt werden können, die für einen gegebenen Auswertungspunkt allein die Randbedingung auf der Wand definieren. Für den Grenzfall $A \Rightarrow \infty$ oder $B \Rightarrow \infty$ geht die nachgiebige Wand in die starre Wand über.

Der andere Grenzfall ist $A = B = 0$, er bedeutet eine freie Oberfläche mit Haftbedingung. Dieser Fall ist jedoch physikalisch kaum realisierbar und wird deshalb nicht als Vergleichsfall verwendet.

Der Einfluß der Wandparameter auf die Eigenwerte, verglichen mit denen für starre Wände, kann grundsätzlich proportional zu $1/A$ bzw. $1/B$ erwartet werden. Jedoch hängt er sehr stark vom jeweils gewählten Punkt (Re, α) ab, für den die Auswertung vorgenommen wird.

Untersucht wurde vorrangig der Einfluß auf den Eigenwert δ. Es ist nicht sinnvoll, die Ergebnisse der numerischen Auswertungen vollständig darzustellen. Sie können in den folgenden Aussagen zusammengefaßt werden:

- bei überwiegend elastischen Eigenschaften und fehlender Dämpfung, d. h. bei endlich positivem Wert A und $B = 0$, wird ein positiver Wert δ um so mehr verkleinert, je kleiner A ist;
- bei überwiegender Trägheitseigenschaft und fehlender Dämpfung, d. h. bei endlich negativem Wert A und $B = 0$, wird ein positiver Wert δ um so mehr vergrößert, je kleiner $|A|$ ist;
- durch jegliche Dämpfung, d. h. bei endlich positivem Wert B, wird unabhängig vom Wert A eine Vergrößerung von δ bewirkt;
- Störbewegungen, die bei starrer Wand stark gedämpft sind, werden bei $B = 0$ und $A > 0$ weniger stark gedämpft. Das gestattet die Feststellung, daß die Eigenwerte δ bei $A > 0$ und $B = 0$ gegenüber der starren Wand in ihrem Betrag verkleinert werden;
- die Änderung des Stabilitätsverhaltens erfolgt ausschließlich durch die Beeinflussung der Energieübertragung zwischen Grund- und Störströmung, während die Dissipation der Störbewegungsenergie durch die Wandnachgiebigkeit fast nicht verändert wird;
- der Bereich instabiler Wellenzahlen α wird gegenüber dem Bereich bei starrer Wand auffällig verlagert; für $A > 0$ zu kleineren α, für $A < 0$ zu größeren α;
- einen entscheidenden Einfluß auf die Eigenwerte übt die Haftbedingung für die Störbewegung auf der bewegten Wand aus. Es ist rechnerisch verhältnismäßig einfach, Eingriffe in die Haftbedingung vorzunehmen. Rechnungen mit der Haftbedingung auf der unverformten Wand — Randbedingung $f' = g' = 0$ auf der Wandstützstelle — ergaben in bestimmten Bereichen genau entgegengesetzte Ergebnisse für die Abhängigkeit der Stabilität von den Wandparametern. Daraus kann der Schluß gezogen werden, daß die Entwicklung der Störbewegung auch durch reine Longitudinalbewegungen der Wand beeinflußt werden kann;
- der Einfluß der Wandparameter auf die Stabilität tritt bei Kanal- und Grenzschichtströmungen gleichermaßen mit derselben Tendenz auf.

Der vorstehend zusammengefaßte Einfluß der Wandparameter auf die Stabilität der Strömung wurde bereits von BENJAMIN [4] und BETCHOV [11] mittels einer Erweiterung des TOLLMIENschen Verfahrens untersucht. Dazu wird einmal die Beziehung (11), zum anderen eine entsprechend erweiterte Randbedingung an der Wand verwendet. Damit wären dieselben Rechnungen wie in den folgenden Abschnitten möglich. In [4] und [11] finden sich jedoch nur qualitative Aussagen, die mit den eigenen Ergebnissen für geringe Wandnachgiebigkeiten (großer Betrag des Parameters A) übereinstimmen. Ein quantitativer Vergleich der Ergebnisse von [13] folgt im Abschnitt 6.3.

6.2. Wände mit nur einem von Null verschiedenen Parameter

Die vorstehenden Feststellungen werden an Hand einiger zahlenmäßiger Ergebnisse demonstriert. Ihre Darstellung erfolgt z. T. in Form der bekannten Indifferenzkurven, z. T. auch durch Auftragung des größten, für eine gegebene REYNOLDSzahl möglichen Eigenwerts δ [4]).

Bild 5 zeigt die Indifferenzkurven für eine Kanalströmung mit sinus-Verteilung der Geschwindigkeit. Die erwähnte Verlagerung der Kurven über der α-Zahl ist sehr deutlich zu erkennen. Bild 6 zeigt für dieselbe Strömung die Abhängigkeit des Größtwerts δ_{max} von der Re-Zahl für elastisch gebettete Kanalwände unterschiedlicher Bettungssteifigkeit. Die Erhöhung der kritischen Re-Zahl — $\delta_{max} = 0$ — mit abnehmender Bettungssteifigkeit ist sehr auffällig. Ebenfalls zu erkennen ist die Verringerung der Dämpfung solcher Störbewegungen, die für starre Wände stark gedämpft sind.

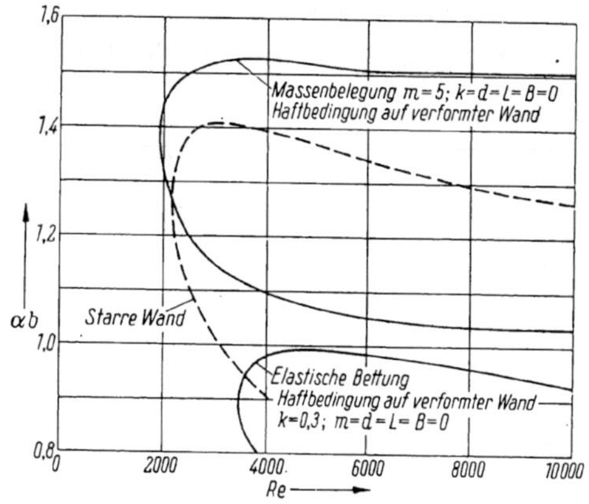

Bild 5. Indifferenzkurven für eine Kanalströmung mit Sinus-Profil zwischen nachgiebigen Kanalwänden; Kanalbreite $2b = 2$; $c_{max} = 1$; $Re = 2bc_{max}/\nu$

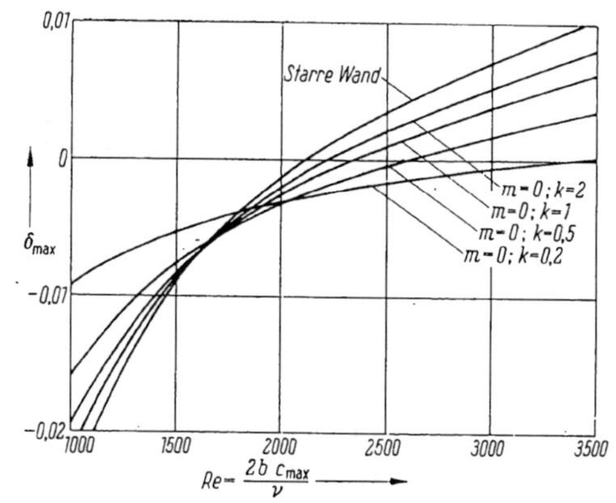

Bild 6. Abhängigkeit der für eine REYNOLDSzahl maximal möglichen Anregung der Störbewegung für die Kanalströmung nach Bild 5 bei unterschiedlicher Bettungssteifigkeit k der Wände

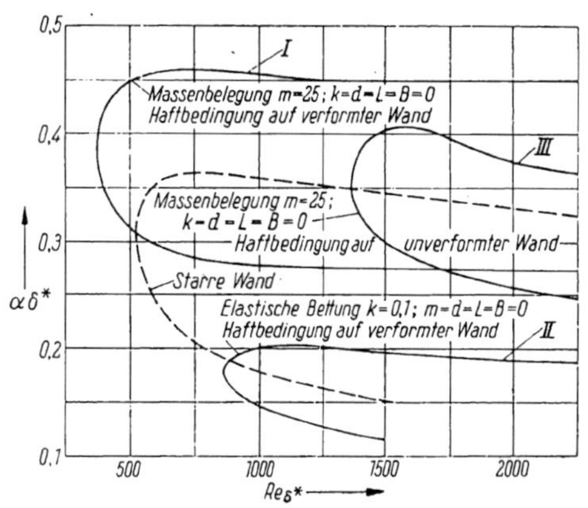

Bild 7. Indifferenzkurven für eine Grenzschichtströmung an einer ebenen nachgiebigen Wand; Verdrängungsdicke $\delta^* = 1{,}73$; $c_{außen} = 1$; $Re = \delta^* c_{außen}/\nu$

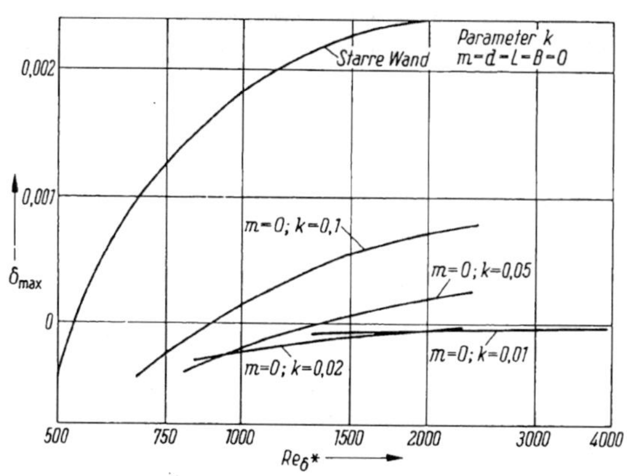

Bild 8. Abhängigkeit der für eine REYNOLDSzahl maximal möglichen Anregung der Störbewegung für die Strömung nach Bild 7 bei unterschiedlicher Bettungssteifigkeit k der Wand

Bild 7 zeigt die Indifferenzkurven für die Grenzschichtströmung an einer ebenen Platte. Die Aussage entspricht der des Bildes 5. Außerdem wurde die Indifferenzkurve III eingezeichnet, die mit der Haftbedingung auf der unverformten Wand, sonst jedoch unter denselben Bedingungen wie Kurve I, berechnet wurde. Der Vergleich der Kurven I und III unterstreicht die entscheidende Bedeutung der Haftbedingung. Bild 8 zeigt wieder δ_{max} als Funktion der Re-Zahl für unterschiedliche Bettungssteifigkeit. Die sehr starke Verringerung des Anregungsfaktors δ ist klar erkennbar. Das Bild zeigt andererseits, daß durch die nachgiebige Wand eine sonst instabile Strömung nur indifferent, nicht dagegen stabil wird. Deshalb muß bei Anwendung der nachgiebigen Wände außerdem sorgfältig auf die Vermeidung äußerer Störungen geachtet werden.

Die dimensionslosen Parameter können an Hand einer in [1] angegebenen Umrechnungsvorschrift in die bei einer realen Strömung technisch auszuführenden Parameter umgerechnet werden. Zur Veranschaulichung sei zum Bild 8 ein Umrechnungsbeispiel angeführt. Als Beispiel wird eine Wasserströmung — $\varrho = 1000\ \mathrm{kg/m^3}$, $\nu = 10^{-6}\ \mathrm{m^2/s}$ — mit $c = 10\ \mathrm{m/s}$ verwendet, die ab $x = 0$ eine Grenzschicht an einer ebenen Platte ausbildet. Die Umrechnung ergibt für die zu realisierende Bettungssteifigkeit k_t an der Lauflänge x die Formel

$$k_t = \frac{33{,}2}{\sqrt{x\,[\mathrm{m}]}}\, k \left[\frac{\mathrm{kp}}{\mathrm{cm^3}}\right].$$

[4]) Für eine gegebene Re-Zahl und gegebene Strömungs- und Wandparameter ist δ eine Funktion von α. Aus dieser Funktion $\delta(\alpha)$ wird der größte Wert δ_{max} herausgesucht und über Re aufgetragen.

Für $x = 0{,}2$ m und $k = 0{,}05$ folgt $k_t = 3{,}72\ \mathrm{kp/cm^3}$. Die zugehörige kritische *Re*-Zahl steigt von $Re_{\delta^*} = 530$ auf 1350, die zugehörige Lauflänge von $x_{\mathrm{krit}} = 0{,}94$ cm auf $x_{\mathrm{krit}} = 6{,}03$ cm. Die ausgerechnete Bettungssteifigkeit erscheint z. B. mit Weichgummiauskleidungen als durchaus realisierbar.

Auf die Wiedergabe von Beispielen mit endlich großem Dämpfungsparameter d wird verzichtet.

6.3. Wände mit mehreren Parametern

Die Beispiele im Abschnitt 6.2. behandelten den Fall von Wänden mit nur einem von Null verschiedenen Parameter. Technisch sind nur Wände realisierbar, die wenigstens eine Massenbelegung besitzen. Dadurch sind die besonders interessanten Wände mit überwiegender Elastizität immer zweiparametrig. Das Auftreten des Parameters m und eines elastischen Parameters, z. B. k, in Gleichung (16) führt zu der weitgehenden Schwierigkeit, daß je nach Wahl von α und β der Koeffizient A sowohl positiv als auch negativ sein kann. Dieser Umstand führt zur Aufspaltung der Indifferenzkurve in mehrere Zweige. Zur Erläuterung wird darauf verwiesen, daß (16) für $L = B = 0$ in der Form

$$\frac{\beta}{\alpha} A = - m\alpha^2 \left(\frac{\beta}{\alpha}\right)^2 + k$$

geschrieben werden kann. Da β/α im Normalfall mit α steigt, oder konstant bleibt, kann für große α $A < 0$, für kleine α $A > 0$ erwartet werden. Genau diese Verlagerung tritt gemäß Bild 7 aber ohnehin ein, wenn A nur einen Parameter enthält, so daß die beiden Kurven I und II qualitativ auch bei *einer* zweiparametrigen Wand auftreten können.

Die zweiparametrigen Wände gestatten die Diskussion des Problems an Hand der möglichen Wellenbewegung der Wände. Die den freien Schwingungen entsprechenden Wellenbewegungen unterliegen einer Dispersion. In rein elastisch gebetteten Wänden laufen lange Wellen schneller, in nur biegesteifen Wänden langsamer als kurze Wellen. Der Vergleich der Phasengeschwindigkeit c_w der Wandwellen mit der Phasengeschwindigkeit β/α der Störbewegung gestattet ohne weiteres die Feststellung des Vorzeichens des Koeffizienten A $(A > 0$ bei $c_w > \beta/\alpha)$ und damit der Wirkung der Wandnachgiebigkeit.

Nach den Ausführungen im Abschnitt 6.2. tritt bei $A > 0$, d. h. bei höherer Phasengeschwindigkeit der Wandwellen eine Verringerung der Anregung ein. Da die Phasengeschwindigkeit β/α der Störbewegung immer kleiner ist als die Maximalgeschwindigkeit $c_{\max}$ der Grundströmung, kann dieser Effekt immer erwartet werden, wenn die Mindestgeschwindigkeit der Wandwellen

$$c_{w\,\min} = \sqrt{\frac{L}{m} + \frac{2\sqrt{kB}}{m}} \geqq c_{\max} \tag{17}$$

ist.

LANDAHL [13] gibt die Indifferenzkurven für die Plattengrenzschicht bei $c_w = 0{,}75\, c_{\max}$ bzw. bei $c_w = c_{\max}$ mit $m/\delta = 2$ bei $\alpha \geqq 0{,}5$, $m/\delta = 0{,}5/\alpha^2$ bei $\alpha \leqq 0{,}5$ und $d = 0{,}025\, m$ an. Die Indifferenzkurve des ersten Beispiels zerfällt in zwei Zweige, von denen einer der Indifferenzkurve auf starrer Wand entspricht. Der andere Zweig liegt bei größerem α/β und außerordentlich kleinen *Re*-Zahlen. Die Lage dieses Zweiges wird durch die eigenen Rechnungen nicht bestätigt.

Das zweite Beispiel ist in Bild 9 zusammen mit eigenen Ergebnissen wiedergegeben. Der Vergleich wird durch die Verwendung der Grenzschichtdicke als Bezugslänge in [13] erschwert. Die Unterschiede der zugeordneten Indifferenzkurven sind erheblich, jedoch liegen auch die den starren Wänden zugehörigen Kurven ähnlich weit auseinander. Daraus kann geschlossen werden, daß die Erfassung der Wandnachgiebigkeit in [13] durchaus richtig ist, die zahlenmäßigen Ergebnisse dagegen durch Unzulänglichkeiten des TOLLMIENschen Verfahrens verfälscht werden.

Für sämtliche im folgenden noch angeführten Beispiele wurde $c_{w_{\min}} = c_{\max}$ gesetzt. Der einfachen Rechnung halber wurden Wände mit $m \neq 0$, $L \neq 0$, $k = B = 0$, d. h. c_w unabhängig von α, zugrunde gelegt, die technisch selbstverständlich auch mit $k \neq 0$, $B \neq 0$ ausgeführt werden können.

Unter diesen Voraussetzungen wurden einige Auswertungen für eine verzögerte Grenzschichtströmung mit dem Parameter $\Lambda = -3$ vorgenommen. Dieses Grundprofil ist bei höherer *Re*-Zahl auf einer starren Wand ausgeprägt instabil $(Re_{\delta^*\mathrm{krit}} = 222)$.

Die Abhängigkeit des Eigenwerts δ von der Wellenzahl α für $m = L = 5{,}6$ besitzt bis zu einer bestimmten *Re*-Zahl ein ausgeprägtes Maximum (Bild 10). Im Fall eines Maximalwertes $\delta_{\max} > 0$ entstehen die bekannten Instabilitätsbereiche. Bild 10 weist darauf hin, daß die Instabilität auf einen endlich großen Bereich der Wellenzahl begrenzt ist.

Wesentlich ist das Verschwinden des Maximums bei Überschreiten einer bestimmten *Re*-Zahl, wodurch auch für beliebige weit darüber liegende *Re*-Zahlen keine Instabilität mehr möglich ist. Das bedeutet physikalisch den Übergang der auf starrer Wand reibungslos instabilen Strömung zur reibungslos stabilen Strömung auf nachgiebiger Wand.

Bild 11 zeigt die Abhängigkeit $\delta_{\max}(Re)$ für verschiedene Werte des Wandparameters $m = L$. Daraus kann die kritische *Re*-Zahl als Funktion der Wandparameter entnommen werden (Bild 12). Sie besitzt für von Null verschiedene Wandparameter einen Pol, so daß die Strömung für noch kleinere Werte dieser Para-

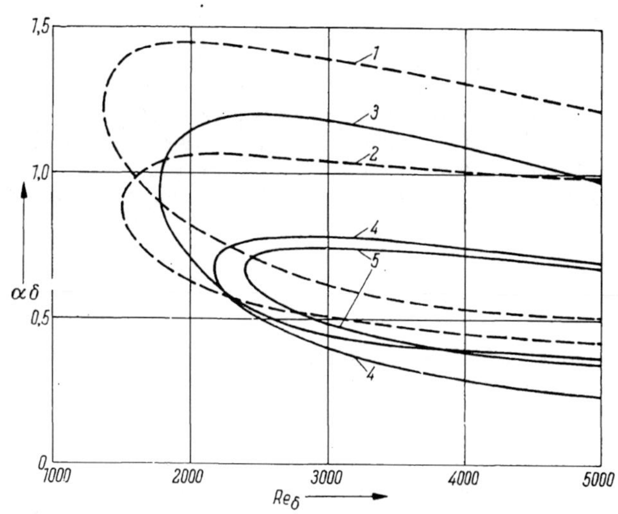

Bild 9. Vergleich der Indifferenzkurven für die Plattengrenzschicht mit $c_{max} = 1$ und $\delta = 5$; $Re = \delta\, c_{max}/\nu$; 1 – nach [13] auf starrer Wand; 2 – eigene Rechnung auf starrer Wand; 3 – nach [13], nachgiebige Wand, $m = L = 10$; $d = 0{,}1$; $k = 0$; 4 – eigene Rechnung wie Kurve 3; 5 – eigene Rechnung, nachgiebige Wand, $m = L = 10$; $d = 0$; $k = 0$

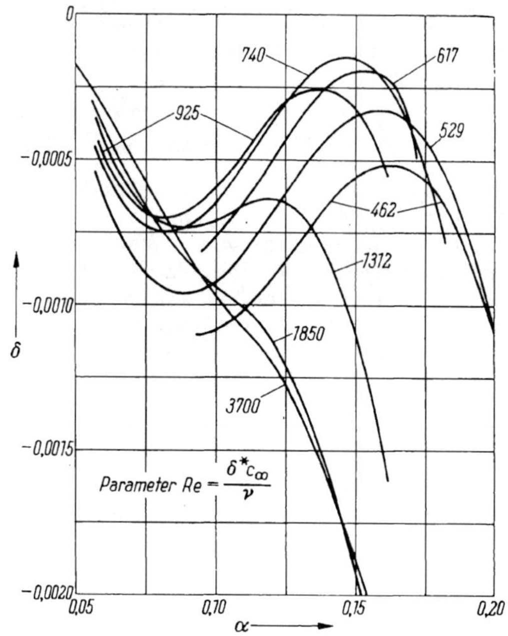

Bild 10. Abhängigkeit des Eigenwerts δ von der Wellenzahl α für eine Grenzschichtströmung $\Lambda = -3$ auf nachgiebiger Wand mit den Parametern $m = L = 5{,}6$; $k = d = B = 0$; $c_{außen} = 1$; $\delta^* = 1{,}85$

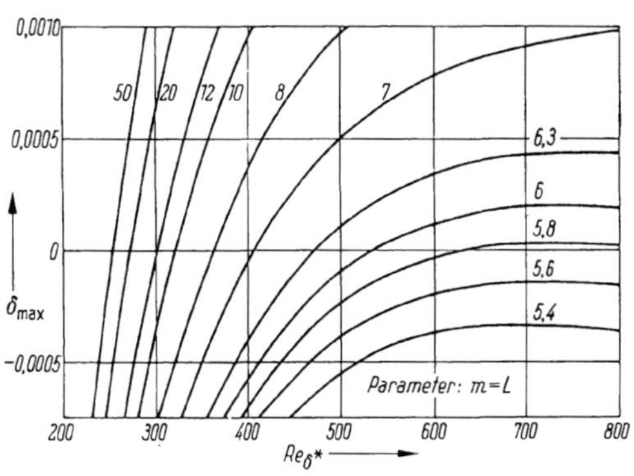

Bild 11. Abhängigkeit der maximalen Anregung bzw. minimalen Dämpfung der Störbewegung für die Strömung nach Bild 10 für unterschiedliche Wandparameter m, L; $Re = \delta^*\, c_{außen}/\nu$; $m = L$; $k = d = B = 0$

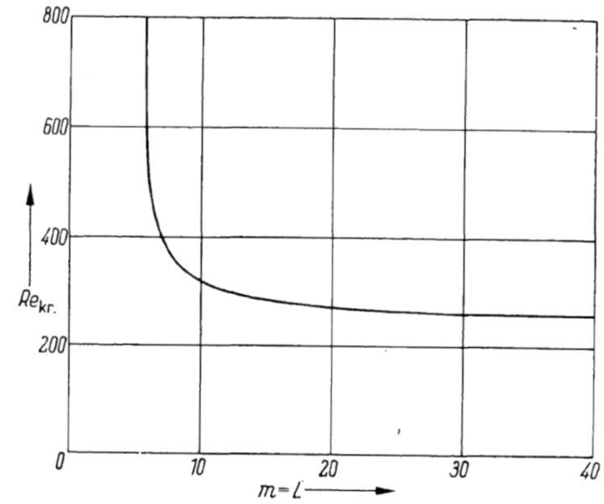

Bild 12. Abhängigkeit der kritischen Reynoldszahl von den Wandparametern m, L für die Strömung nach Bild 10; $m = L$; $k = d = B = 0$; $Re = \delta^*\, c_{außen}/\nu$

meter stabil für alle Re-Zahlen ist. Dieser Umstand ist besonders bemerkenswert, weil ein Geschwindigkeitsprofil mit Wendepunkt zugrundegelegt wurde.

7. Zusammenfassung

Es wird ein allgemein anwendbares Rechenverfahren zur Integration der Sommerfeldschen Gleichung beschrieben. Das Rechenverfahren wurde programmiert und zur Berechnung des Stabilitätsverhaltens verschiedener Kanal- und Grenzschichtströmungen unter verschiedenen Randbedingungen herangezogen. Sämtliche Ergebnisse wurden nur auf numerischem Wege gewonnen, experimentelle Arbeiten wurden nicht durchgeführt.

Näher untersucht wurde der Einfluß passiv verformbarer Wände auf die Stabilität der Strömung. Die Verschiebung der Instabilitätsbereiche ist bei speziell ausgewählten Parameterkombinationen sehr groß. Es ist möglich, an starren Wänden instabile Strömungen durch passive Wandbewegungen für alle Reynoldszahlen und Störwellenlängen stabil zu halten.

Vor der praktischen Anwendung der Ergebnisse zur Laminarhaltung sonst turbulenter Strömungen ist die experimentelle Überprüfung der mit der linearisierten Theorie erhaltenen Ergebnisse unbedingt erforderlich.

Literatur

1 Brechling, J., Zur Berechnung der Stabilität einer ebenen Strömung gegen kleine Störungen, Dissertation TU Dresden 1971.
2 Albring, W., Angewandte Strömungslehre, Verlag Theodor Steinkopff, Dresden und Leipzig, 1961.
3 Thomas, L. H., The stability of plane poiseuille flow, Phys. Review **91** (1953).
4 Benjamin, T. B., Fluid flow with flexible boundaries, Proceedings of the eleventh international congress of applied mechanics, München 1964, Springerverlag Berlin/Heidelberg/New York 1966.
5 Zurmühl, R., Matrizen, Springerverlag Berlin/Göttingen/Heidelberg 1961.
6 Pohlhausen, K., Zur näherungsweisen Integration der Differentialgleichungen der laminaren Reibungsschicht, ZAMM **1** (1921) (entnommen aus [2]).
7 Schlichting, H., Grenzschichttheorie, Verlag G. Braun, Karlsruhe, 3. Auflage, 1958.
8 Orszag, S. A., Accurate solution of the Orr-Sommerfeld stability equation, Journal of fluid mechanics (1971).
9 Zurmühl, R., Praktische Mathematik, Springerverlag Berlin/Göttingen/Heidelberg 1961.
10 Tollmien, W., Über die Entstehung der Turbulenz 1929; entnommen aus [7].
11 Betchov, R. and Criminale, W. O., Stability of parallel flows, Academic Press, New York, London, 1967.
12 Landahl, M., Results of parallel-flow stability calculations, Obtained by Time Sharing Computations, The Physics of Fluids, Supplement II, 1969.
13 Landahl, M., On the stability of a laminar inkompressible boundary layer over a flexible surface, Journal of Fluid Mechanics **13** (1962).
14 Wehrmann, O. H., Tollmien-Schlichting waves under the influence of a flexible wall, The Physics of Fluids, Volume **8**, 1965.

Eingereicht am 25. 4. 1973, revid. Fassung: 28. 9. 1973

Anschrift: Dr.-Ing. J. Brechling, VEB Strömungsmaschinen, 83 Pirna-Sonnenstein, Postschließfach 64, DDR

ZAMM 54, 259 – 263 (1974)

H. BABADSHANJAN

Zur Begründung einiger Iterationsmethoden in der nichtlinearen Kriechtheorie

Am Beispiel von Randwertaufgaben der nichtlinearen Kriechtheorie werden die Methode der zusätzlichen Deformationen und die Methode der zusätzlichen Belastungen begründet.

The method of additional deformations and the method of additional powers are founded by example of the problems in non-linear creep theory.

На примере краевых задач нелинейной теории ползучести обосновываются метод дополнительных деформаций и метод дополнительных нагрузок.

In der Arbeit [1] werden einige mögliche Iterationsmethoden zur Lösung der Randwertaufgaben nichtelastischer fester Körper betrachtet. Diese Methoden sind Modifikationen der in der Deformationsplastizitätstheorie [2], [3] und in der nichtlinearen Thermo-Viskoelastizitätstheorie [4] bekannten Iterationsmethoden.

In der vorliegenden Arbeit werden am Beispiel der Randwertaufgaben des nichtstationären Kriechens die Methode der zusätzlichen Deformationen und die Methode der zusätzlichen Belastungen begründet, d. h., es wird die Konvergenz der Näherungen zur Lösung in entsprechenden Räumen gezeigt. Dabei werden als Hilfs-Stoffgesetz die Gleichungen der linearen Viskoelastizitätstheorie vom BOLTZMANN-VOLTERRAschen Typ und die Gleichungen der linearen Elastizitätstheorie von HOOKE vorausgesetzt. Das bedeutet, daß sich jede Iteration als Lösung eines linear visko-elastischen und eines linear elastischen Problems mit zusätzlichen, durch die vorhergehende Lösung bestimmte Deformationen oder Volumkräften ergibt.

1. Das Torsionsproblem

Es wird ein prismatischer metallischer Stab mit dem Querschnitt V und dem Rand S betrachtet, der am unteren Ende fest eingespannt ist und an dessen oberem Ende ein Torsionsmoment eingeleitet wird. V sei als einfach zusammenhängend vorausgesetzt. S sei hinreichend glatt.

Wenn man ein kartesisches Koordinatensystem einführt und dessen z-Achse parallel zu den Erzeugenden des Stabes legt, dann sind nur die Spannungen σ_{xz}, σ_{yz} von Null verschieden. Bezeichnet man durch $C^2(V)$ die Menge der in $\bar{V} = V \cup S$ zweimal stetig differenzierbaren Funktionen, dann wird für jedes $v \in C^2(V)$ unter der Vernachlässigung der Volumkräfte durch die Vorschrift

$$\sigma_{xz} = \frac{\partial v}{\partial y}, \qquad \sigma_{yz} = -\frac{\partial v}{\partial x} \tag{1.1}$$

ein Spannungsfeld definiert, das der Gleichgewichtsbedingung genügt.

$C_0^2(V)$ sei die lineare Menge der Funktionen $v \in C^2$, die auf dem Rand S verschwinden.

Es wird wie üblich angenommen, daß sich die Verschiebungen in der Form

$$u_x = -\omega y z, \qquad u_y = \omega x z, \qquad u_z = w(x, y; \omega)$$

darstellen lassen (ω ist dabei der Torsionswinkel bezogen auf die Längeneinheit des Stabes, w ist die sogenannte Verwölbungsfunktion). Dann sind die Deformationskomponenten

$$\varepsilon_{xz} = \frac{1}{2}\left(\frac{\partial w}{\partial x} - \omega y\right), \qquad \varepsilon_{yz} = \frac{1}{2}\left(\frac{\partial w}{\partial y} + \omega x\right) \tag{1.2}$$

von Null verschieden. Daraus ergibt sich

$$\frac{\partial \varepsilon_{xz}}{\partial y} - \frac{\partial \varepsilon_{yz}}{\partial x} = -\omega . \tag{1.3}$$

Es wird vorausgesetzt, daß der Stab sich in der Anfangskriechperiode, die gewöhnlich als Periode des nichtstationären Kriechens bezeichnet wird, befindet. Die rheologischen Gleichungen der Fließtheorie (vgl. z. B. [5]), die hier angenommen werden, haben in diesem Fall folgende Form:

$$\begin{aligned} \varepsilon_{xz} &= \frac{1}{2G}\left(\sigma_{xz} + \int_0^t g(J, \tau)\, \sigma_{xz}(\tau)\, d\tau\right), \\ \varepsilon_{yz} &= \frac{1}{2G}\left(\sigma_{yz} + \int_0^t g(J, \tau)\, \sigma_{yz}(\tau)\, d\tau\right), \qquad J(v) \equiv \left(\frac{\partial v}{\partial x}\right)^2 + \left(\frac{\partial v}{\partial y}\right)^2 . \end{aligned} \tag{1.4}$$

Einsetzen von (1.4) in (1.3) unter Berücksichtigung von (1.1) ergibt

$$Av + \int_0^t \overline{B}(\tau)\, v(\tau)\, \mathrm{d}\tau = 2G\omega\,,$$

$$-\,Av \equiv \Delta v = \frac{\partial^2 v}{\partial x^2} + \frac{\partial^2 v}{\partial y^2}\,,$$

$$\overline{B}(t)\, v \equiv -\frac{\partial}{\partial x}\left[g(J,t)\frac{\partial v}{\partial x}\right] - \frac{\partial}{\partial y}\left[g(J,t)\frac{\partial v}{\partial y}\right].$$

Die Differentiation dieser Gleichung nach t führt zu folgendem Anfangs-Randwertproblem:

$$\frac{\mathrm{d}}{\mathrm{d}t} Av + \overline{B}(t)\, v = \overline{f}(t)\,, \qquad \overline{f}(t) \equiv 2G\frac{\mathrm{d}\omega}{\mathrm{d}t}\,, \tag{1.5}$$

$$A\, v(x, y, 0) = 2G\omega(0) \equiv \overline{v}_0\,, \qquad v|_S = 0\,. \tag{1.6}$$

2. Das quasistatische Gleichgewicht eines Körpers unter vorgegebenen Volumkräften und Verschiebungen auf dem Rande

Es wird ein metallischer Körper, der ein endliches Gebiet V des Raumes R^3 mit stückweise glattem Rand S ausfüllt, betrachtet.

Es sei $\{e_i\}$ $(i = 1, 2, 3)$ eine orthonormierte Basis des mit R^3 assoziierten Vektorraumes. Dann ist $\{e_i e_j\}$ die Basis des 3^2-dimensionalen Vektorraumes, dessen Elemente die Tensoren zweiter Stufe sind.

Es sei $T_\sigma = \sigma_{ij} e_i e_j$ der Spannungstensor, $D_\sigma = T_\sigma - \frac{1}{3}(\mathrm{sp}\, T_\sigma)\, I$ der entsprechende Spannungsdeviator. $u = u_i e_i$ bezeichne die Verschiebungen und $T_\varepsilon = \varepsilon_{ij} e_i e_j$ den entsprechenden Deformationstensor:

$$T_\varepsilon = \frac{1}{2}(\nabla u + u\nabla) \equiv \frac{1}{2}\left(\frac{\partial u_i}{\partial x_j} + \frac{\partial u_j}{\partial x_i}\right) e_i e_j \qquad (i, j = 1, 2, 3)\,. \tag{2.1}$$

$D_\varepsilon = T_\varepsilon - \frac{1}{3}(\mathrm{sp}\, T_\varepsilon)\, I$ sei der Deformationsdeviator.

Es wird der quasistatische Gleichgewichtszustand des V ausfüllenden Metallkörpers, auf den die Volumkräfte $p(x, t)$ wirken, betrachtet. Folglich gilt in V die Gleichgewichtsbedingung

$$\triangle \cdot T_\sigma + p = 0\,. \tag{2.2}$$

Es seien auf der Oberfläche S Verschiebungen $u(x, t)$ vorgegeben. Der Körper befinde sich in der Anfangskriechperiode, und es gelte die rheologische Gleichung

$$D_\sigma = 2G\left(D_\varepsilon - \int_0^t g(J, \tau)\, D_\varepsilon(\tau)\, \mathrm{d}\tau\right), \qquad \mathrm{sp}\, T_\sigma = 3K\, \mathrm{sp}\, T_\varepsilon\,, \qquad J(u) \equiv 2D_\varepsilon{:}D_\varepsilon\,. \tag{2.3}$$

Einsetzen von (2.3) in (2.2) mit Berücksichtigung von (2.1) und Differentiation nach t liefert folgendes Anfangs-Randwertproblem:

$$\frac{\mathrm{d}}{\mathrm{d}t} Au + P(t)\, u = f_1(t)\,, \tag{2.4}$$

$$A\, u(x, 0) = u_1(x)\,, \tag{2.5}$$

$$u|_S = u^0(x, t) \tag{2.6}$$

mit

$$Au \equiv -\left(\frac{1}{3} + \frac{K}{G}\right) \triangle(\triangle \cdot u) - \triangle \cdot (\triangle u)\,,$$

$$P(t)\, u \equiv \triangle \cdot [g(J, t)\,(\triangle u + u\triangle)] - \tfrac{2}{3}\, \triangle[g(J, t)\,(\triangle \cdot u)]\,,$$

$$f_1(t) \equiv \frac{1}{G}\frac{\mathrm{d}p}{\mathrm{d}t}\,, \qquad u_1(x) \equiv \frac{1}{G}\, p(x, 0)\,.$$

Es sei $w(x, t)$ eine hinreichend glatte Funktion, die der Randbedingung (2.6) genügt. Wird $u(x, t) = w(x, t) + v(x, t)$ in (2.4), (2.5), (2.6) eingesetzt, erhält man das folgende Problem zur Bestimmung von v:

$$\frac{\mathrm{d}}{\mathrm{d}t} A\, v + \overline{B}(t)\, v = \overline{f}(t)\,, \tag{2.7}$$

$$A\, v(x, 0) = \overline{v}_0\,, \tag{2.8}$$

$$\overline{v}|_S = 0 \tag{2.9}$$

mit

$$\bar{B}(t)\, v \equiv P(t)\,(v + w)\,, \qquad \bar{f}(t) \equiv f_1(t) - Aw\,, \qquad v_0 \equiv u_1(x) - Aw(x, 0)\,.$$

Im folgenden zeigt sich, daß beide physikalisch verschiedene Probleme zu demselben Anfangswertproblem führen. Aus diesem Grunde wurden die Bezeichnungen für die Materialfunktion g in (1.4) und (2.3) und ebenso für die anderen Größen gleich gewählt. Es ist nicht zu erwarten, daß das zu Mißverständnissen führen kann. So wird z. B. die Art der Funktion g im ersten Fall durch Kriechdiagramme, die bei konstanten und monoton veränderlichen Spannungen aufgenommen werden, bestimmt. Im zweiten Fall entsteht g jedoch aus Relaxationsdiagrammen, die bei konstanten und monoton veränderlichen Deformationen bestimmt werden.

3. Die Methode der zusätzlichen Deformationen und die Methode der zusätzlichen Belastungen

Es werden beide Probleme gleichzeitig behandelt.

Es sei H ein beliebiger reeller HILBERTraum. $C(0, T; H)$ bezeichne den BANACHraum, der auf $[0, T]$ definierten stetigen Funktionen mit Werten in H und der Norm

$$\|v\|_C = \max_{[0,T]} \|v(t)\|\,.$$

$C^1(0, T; H)$ bezeichne den BANACHraum der stetig-differenzierbaren Funktionen mit der Norm

$$\|v\|_{C^1} = \|v\|_C + \left\|\frac{dv}{dt}\right\|_C .$$

Es seien die Operatoren $A, \bar{B}$ als Abbildungen der in $L_2(V)$ dichten Menge $C_0^2(V)$ in den $L_2(V)$ erklärt.

Die Probleme werden bei vorgegebenen Elementen $\bar{f}(t) \in C(0, T; L_2)$ und $v_0 \in L_2$ betrachtet.

Für die Materialfunktionen g gelten im weiteren für beliebige $\xi, \xi_1, \xi_2 \geqq 0$ und jedes $t, \tau \in [0, T]$ folgende Voraussetzungen:

$$|g(\xi_1^2, t)\, \xi_1 - g(\xi_2^2, t)\, \xi_2| \leqq L_1(t)\, |\xi_1 - \xi_2|\,, \tag{3.1}$$

$$\big(g(\xi_1^2, t)\, \xi_1 - g(\xi_2^2, t)\, \xi_2\big)\, (\xi_1 - \xi_2) \geqq m_1(t)\, |\xi_1 - \xi_2|^2\,, \tag{3.2}$$

$$|g(\xi^2, t)\, \xi - g(\xi^2, \tau)\, \xi| \leqq M\, \xi |t - \tau|\,, \tag{3.3}$$

wobei $L_1(t) > 0$, $m_1(t) > 0$ auf $[0, T]$ stetige Funktionen seien, $M = \text{const} > 0$.

Bekanntlich sind die Operatoren A linear, symmetrisch und positiv definit (vgl. z. B. [6]). Es sei H_A der energetische Raum von A mit dem Skalarprodukt $[u, v] \equiv (Au, v)_{L_2}$ und der Norm $\|v\|^2 = [v, v]$, und $B(t) \in (H_A \to H_A)$ gemäß der Vorschrift $[B(t)\, v, h] \equiv (\bar{B}(t)\, v, h)_{L_2}\; \forall h \in H_A$ mit $B(t)\, v \equiv \lim_{n\to\infty} B(t)\, v_n$ für $\{v_n\} \in C_0^2$, $\|v_n - v\| \underset{n\to\infty}{\to} 0$ definiert.

Lemma 1: *Unter den Voraussetzungen* (3.1), (3.2), (3.3) *gilt für die Operatoren* $B(t)$ *für jedes* $t, \tau \in [0, T]$ *und* $u, v, h \in H_A$

$$\|B(t)\, u - B(t)\, v\| \leqq L\|u - v\|\,, \qquad L \equiv \max_{[0,T]} 2\, L_1(t)\,, \tag{3.4}$$

$$[B(t)\, u - B(t)\, v, u - v] \geqq m\|u - v\|^2\,, \qquad m = \min_{[0,T]} m_1(t)\,, \tag{3.5}$$

$$|[B(t)\, u - B(\tau)\, u, h]| \leqq M|t - \tau|\, \|h\|\, \|u\|\, (|[B(t)\, u - B(\tau)\, u, h]| \leqq M|t - \tau|\, \|h\|\, \|u + w\|)\,. \tag{3.6}$$

Beweis: Es wird (3.5) für das Problem (1.5), (1.6) bewiesen. Der Beweis für (2.7), (2.8) ist analog. Den Beweis der Gültigkeit von (3.4), (3.6) findet man in [7].

Aus (3.2) mit Berücksichtigung der folgenden Eigenschaften der Form $J(u, v) \equiv \nabla u \cdot \nabla v$:

$$|J(u, v)| \leqq \sqrt{J(u)}\, \sqrt{J(v)}\,, \qquad |\sqrt{J(u)} - \sqrt{J(v)}| \leqq \sqrt{J(u - v)}\,, \qquad \|u\|^2 = \int_V J(u)\, dV$$

folgt (vgl. [8])

$$\begin{aligned}
&[B(t)\, u - B(t), v, u - v] = (\bar{B}(t)\, u - \bar{B}(t)\, v, u - v) \\
&= \int_V \left\{ -\frac{\partial}{\partial x}\left[g(J(u), t)\,\frac{\partial u}{\partial x} - g(J(v), t)\,\frac{\partial v}{\partial x}\right] - \frac{\partial}{\partial y}\left[g(J(u), t)\,\frac{\partial u}{\partial y} - g(J(v), t)\,\frac{\partial v}{\partial y}\right]\right\} (u - v)\, dV \\
&= \int_V [g(J(u), t)\, J(u, u - v) - g(J(v), t)\, J(v, u - v)]\, dV \\
&= \int_V \{m_1\, J(u - v) + [g(J(u), t) - m_1]\, [J(u) - J(u, v)] - [g(J(v), t) - m_1]\, [J(u, v) - J(v)]\}\, dV \\
&\geqq m_1(t)\, \|u - v\|^2 + \int_V \{[g(J(u), t) - m_1]\, \sqrt{J(u)}\, [\sqrt{J(u)} - \sqrt{J(v)}] - [g(J(v), t) - m_1]\, \sqrt{J(v)}\, [\sqrt{J(u)} - \sqrt{J(v)}]\}\, dV \\
&= m_1(t)\, \|u - v\|^2 + \int_V \{[g(J(u), t)\, \sqrt{J(u)} - g(J(v), t)\, \sqrt{J(v)}]\, [\sqrt{J(u)} - J(v)] - m_1\, (\sqrt{J(u)} - \sqrt{J(v)})^2\}\, dV \\
&\geqq m_1(t)\, \|u - v\|^2 \geqq m\, \|u - v\|^2\,.
\end{aligned}$$

Lemma 2: *Eine Funktion* $v(t) \in C_0^2(V)$ $\forall t \in [0, T]$ *mit* $Av \in C^1(0, T, L_2(V))$ *ist Lösung von* (1.5), (1.6) *oder* (2.7), (2.8) *genau dann, wenn* $v(t)$ *Lösung des Problems*

$$\frac{dv}{dt} + B(t)\, v = f(t)\,, \qquad v(0) = v_0 \tag{3.7), (3.8}$$

mit $[f(t), h] \equiv (\bar{f}(t), h)_{L_2}$, $[v_0, h] \equiv (\bar{v}_0, h)_{L_2}$ $\forall h \in H_A$ *ist.*

Einen Beweis dieses Satzes findet man in [9].

Lemma 3: *Das Anfangswertproblem* (3.7), (3.8) *besitzt für* $f \in C(0, T; H_A)$, $v_0 \in H_A$ *unter den Bedingungen* (3.4), (3.6) *genau eine Lösung* $v \in C^1(0, T; H_A)$.

Die Behauptung dieses Lemmas folgt aus bekannten Ergebnissen über Differentialgleichungen im BANACHraum (vgl. z. B. [10]).

Es sei als Hilfs-Stoffgesetz das HOOKEsche Gesetz angenommen. Dann haben die rheologischen Gleichungen (1.4) und (2.3) bereits die passende Form, d. h. die Deformationen in (1.4) sind schon in die dem HOOKEschen Gesetz entsprechenden und in „zusätzliche" Anteile zerlegt. Das gleiche gilt auch für (2.3). Der Iterationsprozeß

$$v_{n+1} = v_0 - \int_0^t [B(\tau)\, v_n(\tau) - f(\tau)]\, d\tau \tag{3.9}$$

entspricht der Methode der zusätzlichen Deformationen bei der Lösung des Torsionsproblems und der Methode der zusätzlichen Belastungen im anderen Fall [1], [7].

Satz 1: *Der Iterationsprozeß* (3.9) *konvergiert stark gegen die Lösung* v *des Problems* (3.7), (3.8) *im Raum* $C^1(0, T; H_A)$.

Das wurde in [7] gezeigt.

Es seien nun folgende Gleichungen als Hilfs-Stoffgesetze für (1.4) und (2.3) angenommen

$$\varepsilon_{xz} = \frac{1}{2G}\left(\sigma_{xz} + \int_0^t \sigma_{xz}(\tau)\, d\tau\right), \qquad \varepsilon_{yz} = \frac{1}{2G}\left(\sigma_{yz} + \int_0^t \sigma_{yz}(\tau)\, d\tau\right)$$

$$\left(D_\sigma = 2G\left(D_\varepsilon - \int_0^t D_\varepsilon(\tau)\, d\tau\right), \qquad \operatorname{sp} T_\sigma = 3\, K \operatorname{sp} T_\varepsilon\right)$$

Es wird nur das Torsionsproblem betrachtet. Das Gleiche gilt auch für (2.7), (2.8).

Die Zerlegung

$$\varepsilon_{xz} = \frac{1}{2G}\left(\sigma_{xz} + \int_0^t \sigma_{xz}(\tau)\, d\tau\right) + \frac{1}{2G}\left(\int_0^t g(J, \tau)\, \sigma_{xz}(\tau)\, d\tau - \int_0^t \sigma_{xz}(\tau)\, d\tau\right),$$

$$\varepsilon_{yz} = \frac{1}{2G}\left(\sigma_{yz} + \int_0^t \sigma_{yz}(\tau)\, d\tau\right) + \frac{1}{2G}\left(\int_0^t g(J, \tau)\, \sigma_{yz}(\tau)\, d\tau - \int_0^t \sigma_{yz}(\tau)\, d\tau\right)$$

wird in (1.3) eingesetzt. Unter Berücksichtigung von (1.1) entsteht dann

$$-Av - \int_0^t Av\, d\tau + \int_0^t Av\, d\tau + \int_0^t \bar{B}(\tau)\, v(\tau)\, d\tau = 2G\omega(t)\,, \qquad A = -\Delta\,,$$

also

$$-\frac{d}{dt} Av - Av = -Av - \left(\bar{B}(t)\, v - \bar{f}(t)\right), \qquad -Av(0) = \bar{v}_0\,.$$

Folglich ergibt sich anstelle von (3.7), (3.8)

$$\frac{dv}{dt} + v = v - \left(B(t)\, v - f(t)\right), \qquad v(0) = v_0,$$

bzw.

$$\frac{dv}{dt} + av = a\left[v - \frac{1}{a}\left(B(t)\, v - f\right)\right], \qquad a \neq 0\,, \quad v(0) = v_0\,.$$

Dieses Problem ist dem Fixpunktproblem

$$v = Qv \equiv e^{-at}\left\{v_0 + a \int_0^t \left[v(\tau) - \frac{1}{a}\left(B(\tau)\, u(\tau) - f(\tau)\right)\right] e^{a\tau}\, d\tau\right\}$$

äquivalent [11].

Es sei $C_*(0, T; H_A)$ die abgeschlossene Menge der Funktionen $v \in C(0, T; H_A)$, die der Anfangsbedingung (3.8) genügen. Offenbar bildet der Operator Q $C_*(0, T; H_A)$ in sich ab.

Lemma 4: *Der Operator Q ist für $a > L^2/2m$ in $C_*(0, T; H_A)$ strikt kontraktiv.*

Beweis: Es gilt für beliebige $u, v \in C_*$

$$||Qu - Qv||_C = \max_{[0,T]} \left\| a\, e^{-at} \int_0^t \left[\left(u - \frac{1}{a} B(\tau)\, u(\tau)\right) - \left(v - \frac{1}{a} B(\tau)\, v(\tau)\right)\right] e^{a\tau}\, d\tau \right\|$$

$$\leqq \max_{[0,T]} \left[a\, e^{-at} q_1 ||u - v||_C \int_0^t e^{a\tau}\, d\tau\right],$$

wobei

$$q_1 \equiv \left(1 - \frac{2m}{a} + \frac{L^2}{a^2}\right) < 1 \quad \text{ist} \qquad \text{(vgl. z. B. [12])}.$$

Also

$$||Qu - Qv||_C \leqq (1 - e^{-aT})\, q_1 ||u - v||_C \equiv q||u - v||_C, \qquad q < 1.$$

Satz 2: *Die Lösung $v(t)$ des Problems (3.7), (3.8) ist in $C(0, T; H_A)$ Grenzwert des Iterationsprozesses*

$$v_{n+1} = Qv_n = e^{-at}\left[v_0 + a \int_0^t \left(v_n - \frac{1}{a}(Bv_n - f)\right) e^{a\tau}\, d\tau\right]$$

bzw. Lösung der linearen Differentialgleichungen

$$\frac{dv_{n+1}}{dt} + av_{n+1} = a\left(v_n - \frac{1}{a}(Bv_n - f)\right), \qquad v_{n+1}(0) = v_0.$$

Außerdem gilt

$$||v - v_n||_{C^1} \to 0 \qquad \text{für} \quad n \to \infty,$$

d. h. die mit Hilfe der Methode der zusätzlichen Deformationen (oder zusätzlichen Belastungen) berechneten Iterationsnäherungen v_n konvergieren stark im Raum $C^1(0, T; H_A)$ gegen die Lösung v für $a > \dfrac{L^2}{2m}$.

Beweis: Die erste Behauptung des Satzes folgt aus dem Lemma 4. Weiterhin folgt

$$\left\|\frac{dv_{n+1}}{dt} - \frac{dv}{dt}\right\|_C = a \left\| v_n - \frac{1}{a}(Bv_n - f) - v_{n+1} - \left[v - \frac{1}{a}(Bv - f)\right] + v \right\|$$

$$\leqq a(||v - v_{n+1}||_C + q_1||v - v_n||_C) \underset{n\to\infty}{\to} 0,$$

also

$$||v - v_n||_{C^1} \underset{n\to\infty}{\to} 0.$$

Literatur

1 BABADSHANJAN, H., Über eine allgemeine Methode der Analyse rheologischer Gleichungen für nichtelastische Medien und mögliche Iterationsmethoden zur Lösung der entsprechenden Randwertaufgaben, ZAMM **53**, S. 705–712 (1973).
2 Биргер, И. А., Некоторые общие методы решения задач пластичности, Прикл. мат. и мех. **15**, 6 (1951).
3 Ильюшин, А. А., Пластичность, Гостехиздат, 1948.
4 Ильюшин, А. А., Победря, Б. Е., Основы математической теории термовязко-упругости, Наука, 1970.
5 Качанов, Л. М., Теория ползучести, Физматгиз, 1960.
6 Михлин, С. Г., Проблема минимума квадратичного функционала, Гостехиздат, 1952.
7 BABADSHANJAN, H., GAJEWSKI, H., Zur Theorie des nichtstationären Kriechens, ZAMM **53**, S. 333–339 (1973).
8 GAJEWSKI, H., Iterations-, Projektions- und Projektions-Iterationsverfahren zur Berechnung visko-plastischer Strömungen, ZAMM **50**, S. 485–490 (1970).
9 GAJEWSKI, H. und ZACHARIAS, K., Zur starken Konvergenz des Galerkinverfahrens bei einer Klasse pseudoparabolischer partieller Differentialgleichungen, Math. Nachr. **47**, S. 365–376 (1970).
10 LJUSTERNIK, L. A. und SOBOLEW, W. I., Elemente der Funktionalanalysis, Berlin 1968.
11 GAJEWSKI, H., Über eine Approximationsmethode für nichtlineare Evolutionsgleichungen, Math. Nachr. **54**, S. 297–307 (1972).
12 BROWDER, F. E. und PETRYSHYN, W. V., Construction of fixed points of nonlinear mappings in Hilbert space, Journal of Math. Anal. and Appl. **20**, S. 197–227 (1967).

Eingereicht am 17. 5. 1973

Anschrift: Dr. H. BABADSHANJAN, ADW der DDR, ZI für Mathematik und Mechanik, 108 Berlin, Mohrenstr. 39, DDR

ZAMM 54, 265–276 (1974)

W. B. KRÄTZIG

Optimale Schalengrundgleichungen und deren Leistungsfähigkeit

Die vorliegende Arbeit gewinnt die Grundgleichungen der Theorie elastischer Schalen, unter Einschluß von Schubverformungen, als bestmögliche lineare Approximation eines dreidimensionalen Kontinuums. Ausgehend von einer Integraltransformation des Energiesatzes werden zunächst konsistente Grundgleichungen für ein Schalenkontinuum abgeleitet, die definitionsgemäß auf dünne Schalen spezialisiert werden. Sodann wird gezeigt, daß alle auf einem solchen Wege gewonnenen Elastizitätsgesetze einer ersten Approximation Unschärfen aufweisen müssen. Höhere Approximationen sind ableitbar, doch gleichzeitig mit zusätzlichen Unschärfequellen behaftet.

In this paper the basic equations of elastic shell theory including shear distorsions are obtained as a best linear approximation of a three-dimensional continuum. Starting from an integral transformation of the balance of energy consistent equations for a shell-continuum are derived and then specialized to thin shells. Furthermore it can be shown that all kinds of constitutive equations of a first-order approximation are supplied with certain inaccuracies. Higher order theories can be derived which include additional sources of contradictions.

В предлагаемой работе получены основные уравнения теории упругих оболочёк с учётом деформации сдвига, являющиеся наилушим линейным приближением трёхмерного континуума. Пользуясь преобразованием интеграла закона сохранения энергии выводятся сначала консистентные основные уравнения для континуума оболочки, которые согласно определению приспосабливаются к тонкостенным оболочкам. Затем показывается, что все таким образом полученные законы упругости первого приближения должны содержать неточности. Представляется возможность вывести приближения высшего порядка. Они будут однако обременены дополнительными источниками нечёткости.

1. Einführung

Die Grundgleichungen der linearen Theorie elastischer Flächentragwerke existieren heute in einer nur noch schwer überschaubaren Vielfalt. Nach fast 100-jähriger Entwicklung — 1874 erschien die Pionierarbeit von H. ARON, 1888 diejenige von A. E. LOVE — werden bis heute neue Varianten mit dem Ziel der Verbesserung bestehender Theorien veröffentlicht (siehe z. B. [14]). Dies ist um so erstaunlicher, als die Kontinuumsmechanik dreidimensionaler Körper — Ursprung und Rahmen jeder Schalenmechanik — seit langem ihre allseits akzeptierte Form gefunden hat.

Welche Teilsysteme der Schalengleichungen sind der erwähnten Variantenvielfalt besonders unterworfen und wodurch wird dies verursacht? Übereinstimmend formuliert werden die *Bewegungsgleichungen* (Gleichgewichtsbedingungen), dagegen zeigen sich bereits in den *kinematischen Beziehungen* abweichende Formen des den Krümmungsänderungen der Schalenmittelfläche zugeordneten Verzerrungstensors. Die Hauptursache der erwähnten Vielfalt liegt jedoch in der Aufstellung geeigneter *konstitutiver Gleichungen.* Transformiert man beispielsweise in einer deduktiven Vorgehensweise die Stoffgleichungen eines dreidimensionalen Kontinuums in eine auf die Schalenmittelfläche bezogene Form, so läßt die Schalenkrümmung unendliche Reihenausdrücke des kleinen Parameters λ (siehe Gleichung 6) entstehen und es treten Zustandsgrößen auf, die an anderer Stelle üblicherweise unberücksichtigt bleiben. Deren Streichung, wie auch ein rechentechnisch notwendiger Reihenabbruch, führen gemeinsam mit dem unterschiedlichen zweiten Verzerrungstensor zu Varianten von Schalentheorien, deren Vielfalt W. T. KOITER [8] als einen statistischen Beweis ihres approximativen Charakters dargestellt hat. Darüber hinaus werden vielfach Widersprüche zu den getroffenen Annahmen sichtbar, die man je nach Betrachtungsweise den Gleichgewichtsbedingungen, der Schalenkinematik (KIRCHHOFF-LOVE-Hypothese) oder den konstitutiven Gleichungen anhaftend unterschiedlich interpretieren kann.

In Wirklichkeit bilden jedoch diese Widersprüche die sichtbar gewordenen Unschärfen, d. h. Grenzen jeder Schalentheorie als eines approximativen mechanischen Modells. Anknüpfend an die grundlegende Arbeit [1] von B. BUDIANSKY und J. L. SANDERS soll daher unter einer *optimalen Schalentheorie* eine möglichst gleichmäßige lineare Approximation aller drei Teilgleichungssysteme hinsichtlich der Grundprinzipien der Mechanik verstanden werden. Zu deren Herleitung wird der Energiesatz für ein Schalenkontinuum, d. h. für einen auf eine Referenzfläche bezogenen dreidimensionalen Körper, über die „Schalendicke" h gleichmäßig durch Polynome approximiert. Die sodann durch Invarianzbetrachtungen gewonnenen Sätze von Grundgleichungen erfüllen wegen der Möglichkeit gleichmäßiger Konvergenz alle Prinzipien der Mechanik in einem strengen und — nach erfolgter linearer Approximation — in einem approximativen Sinne. Diese lineare Approximation, ein zunächst rein mathematischer Vorgang, läßt sich physikalisch als neuartige Definition dünner Flächentragwerke interpretieren, die jedoch nach Meinung des Verfassers unausgesprochen das Ziel aller bisher bekannt gewordenen Schalentheorien bildete. Eine solche Herleitung vermeidet somit vollständig die berüchtigten *a priori-Annahmen.* Sie konzentriert die Widersprüche, d. h. den Unschärfebereich jeder Schalentheorie, im Funktional der Formänderungsenergie ϱU, dem elastischen Potential des Tragwerks, als der den Schnitt- und Verzerrungsgrößentensoren übergeordneten skalaren Größe. Durch konsequente Eingrenzung der Widersprüche können schließlich optimale lineare Grundgleichungen gewonnen und in ihrer Leistungsfähigkeit beurteilt werden.

2. Dreidimensionale Körper und Schalenkontinua

Wir betrachten einen beliebig geformten dreidimensionalen Körper im *euklidischen* Raum, der neben dem *kartesischen* raumfesten Bezugssystem x_i $(i = 1, 2, 3)$ entsprechend Bild 1 durch das krummlinige konvektive Koordinatensystem z^i — bzw. im weiteren Verlauf θ^i — beschrieben werde:

$$\theta^1 = z^1/L_1; \qquad \theta^2 = z^2/L_2; \qquad \theta^3 = z^3/h \tag{1a}$$

mit

L_1, L_2 charakteristische Längen des unverformten Körpers längs der Koordinatenlinien θ^1, θ^2; (1b)

h charakteristische Dicke des unverformten Körpers längs $\theta^3 = \theta$. (1c)

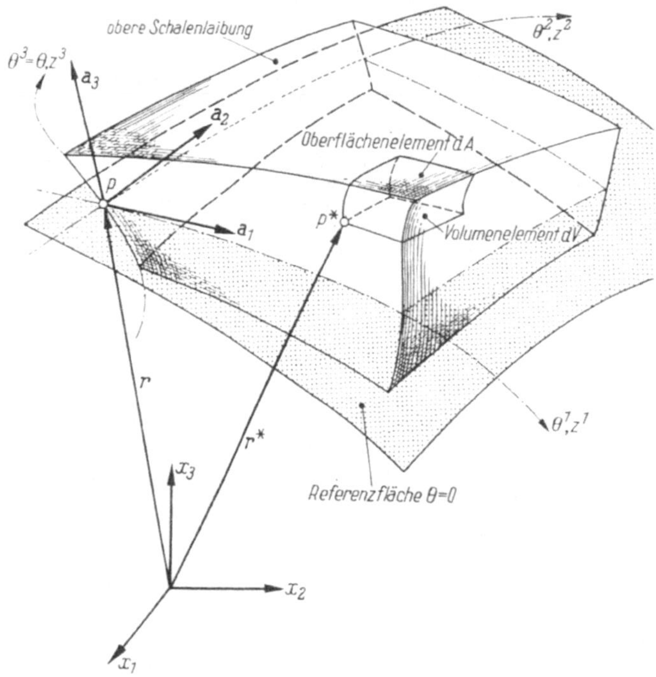

Bild 1. Teil eines verformten Schalenkontinuums

Jedem beliebigen Punkt P^*, der somit während jeder Verformungsphase durch das gleiche (dimensionslose) Zahlentripel θ^i markiert ist, läßt sich nun im *verformten Zustand* zum Zeitpunkt t durch

$$\boldsymbol{r}^* = \boldsymbol{r}^*(\theta^i, t)\,, \qquad \boldsymbol{g}_i = \frac{\partial \boldsymbol{r}^*}{\partial \theta^i} = \boldsymbol{r}^*{}_{,i} \tag{2a}$$

und im *unverformten Ausgangszustand* $(t = 0)$ durch

$$\mathring{\boldsymbol{r}}^* = \mathring{\boldsymbol{r}}^*(\theta^i, t = 0)\,, \qquad \mathring{\boldsymbol{g}}_i = \frac{\partial \mathring{\boldsymbol{r}}^*}{\partial \theta^i} = \mathring{\boldsymbol{r}}^*{}_{,i} \tag{2b}$$

ein System von Basisvektoren zuordnen, das die Grundlage einer differentialgeometrischen Beschreibung des Kontinuums bildet. Alle Einzelheiten hierüber mögen dem zusammenfassenden Abschnitt 1 in [6], dessen Bezeichnungsweise hier verwendet wird, oder einem differentialgeometrischen Standardwerk entnommen werden. Wie üblich durchlaufen somit kleine lateinische Indizes Werte von 1 bis 3, kleine griechische solche von 1 bis 2. Für beide Arten der Indizierung gelte die Einsteinsche Summenkonvention, und das Komma bezeichne die partielle Ableitung nach den Koordinaten θ^i.

Ausgangspunkt einer Mechanik dreidimensionaler deformierbarer Körper sei der Energiesatz zum Zeitpunkt t in folgender globaler Form:

$$\frac{D}{Dt}\int\limits_V \left(U^* + \frac{1}{2}\boldsymbol{v}^* \cdot \boldsymbol{v}^*\right)\varrho^*\, dV - \int\limits_V \boldsymbol{f}^* \cdot \boldsymbol{v}^*\, \varrho^*\, dV - \int\limits_A \boldsymbol{t}^* \cdot \boldsymbol{v}^*\, dA = 0 \tag{3}$$

mit

U^* Dichte der Formänderungsenergie pro Masseneinheit,

ϱ^* Massendichte,

$\boldsymbol{v}^* = v^i \boldsymbol{g}_i$ Geschwindigkeitsfeld,

$\boldsymbol{f}^* = f^i \boldsymbol{g}_i$ Feld der Massenkräfte pro Masseneinheit,

$\boldsymbol{t}^* = \dfrac{n_i \boldsymbol{T}^i}{\sqrt{g}} = n_i \tau^{ij} \boldsymbol{g}_j$ Feld der Spannungsvektoren auf A,

$\boldsymbol{n} = n_i \boldsymbol{g}^i$ Einheitsnormalenvektor auf A,

τ^{ij} CAUCHYscher Spannungstensor,

$\sqrt{g} = \sqrt{\det [\boldsymbol{g}_1 \boldsymbol{g}_2 \boldsymbol{g}_3]}$

dV materielles Volumenelement des Körpers,

dA materielles Oberflächenelement des Körpers.

Durch Anwendung eines Invarianzprinzips (siehe z. B. [4], [11]) und anschließende Lokalisierung lassen sich hieraus die vektoriellen Feldgleichungen der Kontinuumsmechanik, d. h.

das Gesetz der Massenerhaltung $\dot{\varrho}^* + \varrho^* v^i|_i = 0\,,$ (4a)

die Bewegungsgleichungen $\boldsymbol{T}^i{}_{,i} + \varrho^* \sqrt{g}\,(\boldsymbol{f}^* - \dot{\boldsymbol{v}}^*) = 0\,,$ (4b)

die Symmetriebedingungen $\boldsymbol{T}^i \times \boldsymbol{g}_i = 0$ (4c)

herleiten, die für einen elastischen Körper noch durch die konstitutiven Beziehungen

$$\boldsymbol{T}^i = \frac{\varrho^* \sqrt{g}}{2} \left(\frac{\partial U^*}{\partial \gamma_{ij}} + \frac{\partial U^*}{\partial \gamma_{ji}} \right) \boldsymbol{g}_j \tag{4d}$$

mit dem GREENschen Verzerrungstensor

$$\gamma_{ij} = \frac{1}{2} (g_{ij} - \mathring{g}_{ij}) = \frac{1}{2} (\mathring{\boldsymbol{g}}_i \cdot \boldsymbol{u}^*_{,j} + \mathring{\boldsymbol{g}}_j \cdot \boldsymbol{u}^*_{,i} + \boldsymbol{u}^*_{,i} \cdot \boldsymbol{u}^*_{,j}) \tag{4e}$$

ergänzt werden müssen. Die hierin auftretenden Komponentenzerlegungen erfolgen hinsichtlich der Basen $\boldsymbol{g}_i$ und $\boldsymbol{g}^i$ des verformten Körpers, und der Vertikalstrich kennzeichnet die kovariante Ableitung in diesem. Mit (4e) werden die kovarianten Metriktensoren der verformten bzw. unverformten Konfiguration sowie der Verschiebungsvektor

$$\boldsymbol{u}^* = \boldsymbol{r}^* - \mathring{\boldsymbol{r}}^* \qquad \text{mit} \qquad \boldsymbol{v}^* = \dot{\boldsymbol{u}}^* = \dot{\boldsymbol{r}}^* \tag{5a, b}$$

eingeführt, der hierin zweckmäßig hinsichtlich $\mathring{\boldsymbol{g}}^k$ in Komponenten zerlegt wird. Der Punkt in (4b, 5b) beschreibt eine materielle Zeitableitung. Zur Lösung einer elasto-mechanischen Aufgabe müssen obige Feldgleichungen noch durch problemgerecht formulierte Rand- und Anfangsbedingungen vervollständigt werden, auf die in diesem Beitrag jedoch nicht eingegangen werden soll.

Im Gegensatz zu dieser klassischen Beschreibung eines dreidimensionalen Körpers definieren wir ein *Schalenkontinuum*, wenn alle Zustandsgrößen auf eine Referenzfläche bezogen werden. Hierzu stellen wir den Ortsvektor $\boldsymbol{r}^*$ eines beliebigen Punktes P^* des verformten Schalenkontinuums durch das Vektorpolynom (6a), den Ortsvektor $\mathring{\boldsymbol{r}}^*$ des unverformten durch (6b) dar:

$$\boldsymbol{r}^*(\theta^\alpha, \theta, t) = L \sum_{n=0,1,\ldots}^{\infty} (\lambda\,\theta)^n\, \boldsymbol{d}_n(\theta^\alpha, t)\,, \tag{6a}$$

$$\mathring{\boldsymbol{r}}^*(\theta^\alpha, \theta, t=0) = L \sum_{n=0,1,\ldots}^{\infty} (\lambda\,\theta)^n\, \mathring{\boldsymbol{d}}_n(\theta^\alpha, t=0) \tag{6b}$$

mit $\lambda = h/L$ Schalenparameter zum Zeitpunkt $t = 0$,

L kleinste charakteristische Abmessung der unverformten Referenzfläche ($t = 0$).

Damit ergeben sich der Verschiebungsvektor $\boldsymbol{u}^*$ (Gleichung 5a) und dessen später benötigte partielle Ableitungen zu

$$\boldsymbol{u}^*(\theta^\alpha, \theta, t) = L \sum_{n=0,1,\ldots}^{\infty} (\lambda\,\theta)^n\, \boldsymbol{u}_n(\theta^\alpha, t) \tag{7a}$$

mit

$$\boldsymbol{u}_n(\theta^\alpha, t) = \boldsymbol{d}_n(\theta^\alpha, t) - \mathring{\boldsymbol{d}}_n(\theta^\alpha, t=0)\,, \tag{7b}$$

$$\boldsymbol{u}^*_{,\alpha} = L \sum_{n=0,1,\ldots}^{\infty} (\lambda\,\theta)^n\, \boldsymbol{u}_{n,\alpha}\,, \qquad \boldsymbol{u}^*_{,3} = \lambda\, L \sum_{n=0,1,\ldots}^{\infty} n(\lambda\,\theta)^{n-1}\, \boldsymbol{u}_n\,. \tag{7c), (7d}$$

Hierin charakterisieren die Indizes n — wie später auch 1 und m — keine Tensorkomponenten, sondern sie sind Zählvariable in den angegebenen Grenzen.

Mit $\theta^3 = \theta = 0$ gewinnt man aus (6a, b)

$$\boldsymbol{r}(\theta^\alpha, t) = \boldsymbol{r}^*(\theta^\alpha, \theta = 0, t) = L\, \boldsymbol{d}_0(\theta^\alpha, t)\,, \tag{8a}$$

$$\mathring{\boldsymbol{r}}(\theta^\alpha, t = 0) = \mathring{\boldsymbol{r}}^*(\theta^\alpha, \theta = 0, t = 0) = L\, \mathring{\boldsymbol{d}}_0(\theta^\alpha, t = 0) \tag{8b}$$

die verformte bzw. unverformte *Referenzfläche* (siehe Bild 1). Falls diese, wie später vorausgesetzt werden wird, überall das Schalenkontinuum halbiert, geht sie in die bekannte Schalenmittelfläche über. Die Vektorfunktionen $\boldsymbol{d}_0$ bzw. $\mathring{\boldsymbol{d}}_0$ allein beschreiben *reduzierte Referenzflächen*, auf denen vermöge (9) kovariante Basisvektoren $\boldsymbol{a}_\alpha$, $\mathring{\boldsymbol{a}}_\alpha$ und Normaleneinheitsvektoren $\boldsymbol{a}_3$, $\mathring{\boldsymbol{a}}_3$ definiert werden können:

$$\boldsymbol{a}_\alpha = \frac{\partial}{\partial\theta^\alpha}\boldsymbol{d}_0 = \boldsymbol{d}_{0,\alpha}\,, \qquad \boldsymbol{a}_3 = \boldsymbol{a}^3 = \frac{\boldsymbol{a}_1\times\boldsymbol{a}_2}{|\boldsymbol{a}_1\times\boldsymbol{a}_2|}\,, \tag{9a, b}$$

$$\mathring{\boldsymbol{a}}_\alpha = \frac{\partial}{\partial\theta^\alpha}\mathring{\boldsymbol{d}}_0 = \mathring{\boldsymbol{d}}_{0,\alpha}\,, \qquad \mathring{\boldsymbol{a}}_3 = \mathring{\boldsymbol{a}}^3 = \frac{\mathring{\boldsymbol{a}}_1\times\mathring{\boldsymbol{a}}_2}{|\mathring{\boldsymbol{a}}_1\times\mathring{\boldsymbol{a}}_2|}\,. \tag{9c, d}$$

Hiermit ist wiederum die Grundlage einer differentialgeometrischen Beschreibung der Referenzfläche und damit des Schalenkontinuums geschaffen, für deren Einzelheiten und Bezeichnungsweise erneut auf [6] verwiesen werde.

Die Herleitung der Feldgleichungen für ein Schalenkontinuum basiert auf einer Integraltransformation des Energiesatzes (3) mit dem vollständigen Funktionensystem

$$f(\theta) = (\lambda\,\theta)^l \qquad \text{mit} \qquad l = 0, 1, \ldots, \infty\,, \tag{10}$$

wobei die Einführung von (5b, 6a) sowie die Integration über die Schalendicke erforderlich werden. Wie in [5] bzw. [10], [11] gezeigt, entstehen so folgende transformierte Zustandsgrößen, die auf die *verformte* Referenzfläche des Zeitpunktes t bezogen sind.

Resultierende und höhere Momente der Formänderungsenergie:

$$\varrho\, U^l L^2 \sqrt{a} = \lambda^l \int_h \varrho^*\, U^* \sqrt{g}\, \theta^l\, d\theta\,. \tag{11a}$$

Resultierende und höhere Momente der Massendichte:

$$\varrho\, k^l \sqrt{a} = \lambda^l \int_h \varrho^* \sqrt{g}\, \theta^l\, d\theta\,. \tag{11b}$$

Spannungsresultierende und höhere Spannungsmomente:

$$\boldsymbol{m}^{l\alpha} L \sqrt{a} = \lambda^l \int_h \boldsymbol{T}^\alpha\, \theta^l\, d\theta\,, \tag{11c}$$

$$\boldsymbol{m}^l L \sqrt{a} = \lambda^l \int_h \boldsymbol{T}^3\, \theta^{l-1}\, d\theta\,, \qquad (\boldsymbol{m}^0 \equiv 0)\,. \tag{11d}$$

Resultierende Belastung und höhere Lastmomente:

$$\varrho\, \boldsymbol{p}^l L \sqrt{a} = \lambda^l \left\{\int_h \varrho^* \boldsymbol{f}^* \sqrt{g}\, \theta^l\, d\theta + \left[\boldsymbol{t}^*\, \theta^l \sqrt{g\, g^{33}}\right] n\right\} \tag{11e}$$

Werden (11c, d, e) sowie $\boldsymbol{d}_n$ und $\boldsymbol{d}_{n,\alpha}$ hinsichtlich der Basis der verformten Referenzfläche in Komponenten zerlegt:

$$\boldsymbol{m}^{l\alpha} = m^{l\alpha i}\, \boldsymbol{a}_i\,, \qquad \boldsymbol{p}^l = p^{li}\, \boldsymbol{a}_i\,, \qquad \boldsymbol{m}^l = m^{li}\, \boldsymbol{a}_i\,, \tag{12a, b, c}$$

$$\boldsymbol{d}_n = d_{ni}\, \boldsymbol{a}^i\,, \qquad \boldsymbol{d}_{n,\alpha} = \lambda_{ni\alpha}\, \boldsymbol{a}^i \tag{13a, b}$$

mit

$$\lambda_{n\beta\alpha} = d_{n\beta|\alpha} - d_{n3}\, b_{\alpha\beta}\,, \qquad \lambda_{n3\alpha} = d_{n3,\alpha} + d_{n\lambda}\, b^\lambda_\alpha\,, \tag{13c, d}$$

so lassen sich, wie bereits erwähnt, durch Anwendung eines Invarianzprinzips gegen Starrkörpertranslationen und -rotationen folgende Sätze von Feldgleichungen gewinnen (siehe [10]):

Massenerhaltung:

$$\dot{\varrho} + \varrho\, c^{\alpha}_{\cdot\alpha} = 0 \qquad \text{bzw.} \qquad \overline{\varrho\sqrt{a}}^{\,\cdot} = 0\,, \tag{14a}$$

Bewegungsgleichungen:

$$m^{l+n\,\alpha\beta}|_\alpha - b^\beta_\alpha\, m^{l+n\alpha 3} - (l + n)\, m^{l+n\beta} + \varrho\, \overline{p}^{l+n\beta} = 0\,, \tag{14b}$$

$$m^{l+n\,\alpha 3}|_\alpha + b_{\alpha\beta}\, m^{l+n\alpha\beta} - (l + n)\, m^{l+n3} + \varrho\, \overline{p}^{l+n3} = 0\,, \tag{14c}$$

Symmetriebedingungen:

$$\overline{m}^{l(\alpha\beta)} = \overline{m}^{l(\beta\alpha)} = \sum_{n=0,1,\ldots}^{\infty} \left[n\, m^{l+n\alpha}\, d^{\beta}_{n\cdot} + m^{l+n\varepsilon\alpha}\, \lambda_{n\cdot\varepsilon}^{\beta}\right], \tag{14d}$$

$$\sum_{n=0,1,\ldots}^{\infty} \left[n\, m^{l+n3}\, d^{\alpha}_{n\cdot} - n\, m^{l+n\alpha}\, d^{3}_{n\cdot} + m^{l+n\varepsilon 3}\, \lambda_{n\cdot\varepsilon}^{\alpha} - m^{l+n\varepsilon\alpha}\, \lambda_{n\cdot\varepsilon}^{3}\right] = 0\,. \tag{14e}$$

Alle Gleichungen gelten für beliebig große Verformungen, und der Krümmungstensor $b_{\alpha\beta}$ sowie die kovariante Ableitung $\ldots|_\alpha$ beziehen sich ebenfalls auf die verformte Referenzfläche. Außerdem gilt

$$c^{\alpha}_{\cdot\alpha} = w_0{}^{\alpha}|_\alpha - w_{03}\, b^{\alpha}_{\alpha} \qquad \text{mit} \qquad \dot{\boldsymbol{d}}_n = w_{ni}\, \boldsymbol{a}^i = w_n{}^i_{\cdot}\, \boldsymbol{a}_i\,, \tag{15a, b}$$

$$\bar{p}^{l+ni} = p^{l+ni} - \sum_{m=0,1,\ldots}^{\infty} k^{l+m+n} (\dot{w}_m{}^i_{\cdot} - w_{mk}\, c^{ki})\,. \tag{15c}$$

Wählt man nun einen elastischen Schalenwerkstoff, so verknüpfen nach [10] die konstitutiven Beziehungen

$$\overline{m}^{l(\alpha\beta)} = \varrho \frac{\partial U^l}{\partial \alpha_{(\alpha\beta)}}\,; \qquad m^{l+n\alpha i} = \varrho \frac{\partial U^l}{\partial \Delta\lambda_{ni\alpha}}\,; \qquad n\, m^{l+ni} = \varrho \frac{\partial U^l}{\partial \Delta d_{ni}}\,, \tag{16a, b, c}$$

die in (11c, d) und (14d) definierten Schnittgrößen mit ihren korrespondierenden kinematischen Variablen:

$$\alpha_{(\alpha\beta)} = \frac{1}{2}(a_{\alpha\beta} - \mathring{a}_{\alpha\beta})\,, \qquad \Delta\lambda_{ni\alpha} = \lambda_{ni\alpha} - \mathring{\lambda}_{ni\alpha}\,, \qquad \Delta d_{ni} = d_{ni} - \mathring{d}_{ni}\,. \tag{17a, b, c}$$

Analog dem GREENschen Verzerrungsmaß (4e) sind die kinematischen Variablen (17) so definiert, daß die ersten Summanden den verformten, die zweiten den unverformten Zustand beschreiben, dementsprechend sind auch d_{ni}, $\lambda_{ni\alpha}$ hinsichtlich $\boldsymbol{a}^i$; $\mathring{d}_{ni}$, $\mathring{\lambda}_{ni\alpha}$ hinsichtlich $\mathring{\boldsymbol{a}}^i$ in Komponenten zerlegt. Stellt man nun ebenfalls (7a, c) in Komponenten bezüglich $\mathring{\boldsymbol{a}}^i$ dar[1])

$$\boldsymbol{u}^* = L \sum_{n=0,1,\ldots}^{\infty} (\lambda\,\theta)^n\, u_{ni}\, \mathring{\boldsymbol{a}}^i\,, \qquad \boldsymbol{u}^*_{,\alpha} = L \sum_{n=0,1,\ldots}^{\infty} (\lambda\,\theta)^n\, u_{ni\alpha}\, \mathring{\boldsymbol{a}}^i\,, \tag{18a, b}$$

so erhält man mit dem *Shifter*

$$\boldsymbol{a}_i = \mathring{a}^k_i\, \mathring{\boldsymbol{a}}_k\,, \tag{18c}$$

sowie (7b) die Verknüpfung der kinematischen Variablen mit den Komponenten des Verschiebungsvektors und dessen partiellen Ableitungen:

$$\Delta d_{ni} = d_{ni} - \mathring{d}_{ni} = (\mathring{d}_{nk} + u_{nk})\, \mathring{a}^k_i - \mathring{d}_{ni} \tag{19a}$$

$$= \mathring{d}_{nk}\, (\mathring{a}^k_i - \delta^k_i) + u_{nk}\, \mathring{a}^k_i\,, \tag{19b}$$

$$\Delta\lambda_{ni\alpha} = \lambda_{ni\alpha} - \mathring{\lambda}_{ni\alpha} = (\mathring{\lambda}_{nk\alpha} + u_{nk\alpha})\, \mathring{a}^k_i - \mathring{\lambda}_{ni\alpha} \tag{19c}$$

$$= \mathring{\lambda}_{nk\alpha}\, (\mathring{a}^k_i - \delta^k_i) + u_{nk\alpha}\, \mathring{a}^k_i\,. \tag{19d}$$

3. Definition von Flächentragwerken

Die Beziehungen (14) bis (17) für elastische Schalenkontinua, die im angelsächsischen Sprachgebrauch anschaulich als *multicouple theory* bezeichnet werden, sind durch eine Transformation der Ausgangsgleichungen (4) entstanden. Ihre Lösungen besitzen, wie heute bekannt ist, keine Konvergenz gegen das korrespondierende dreidimensional formulierte Problem. Ein solches System läßt jedoch wegen seines von SENSENIG [15] nachgewiesenen *semikonvergenten* Charakters für genügend kleine Schalenparameter λ und genügend weit von Störungen (Schalenrändern, Belastungssprüngen, ...) entfernt liegende Punkte die Existenz von Näherungslösungen erhoffen.

Da es bis heute allerdings nur in Einzelfällen möglich ist, die Güte einer derart erhaltenen Näherung durch Vergleich mit der strengen Lösung zu beurteilen, stellte NAGHDI [12] Wertungskriterien für Schalentheorien auf, die für approximativ gewonnene Theorien folgendermaßen präzisiert und neu formuliert werden sollen:

a) Invarianz unter Koordinatentransformationen,

b) Invarianz gegen (unbeschleunigte) Starrkörpertranslationen und -rotationen,

c) gleichmäßige Approximation aller Sätze von Feldgleichungen.

Unterzieht man die Beziehungen des Abschnittes 2 einer solchen Wertung, so erkennt man schnell ihre besondere Eignung zur Herleitung von Schalentheorien. Die tensorielle Formulierung garantiert Koordinateninvarianz, und die Invarianz gegen Starrkörperbewegungen wurde bei ihrer Ableitung ausdrücklich erzwungen. Die Forderung nach gleichmäßiger Approximation aller Bestandteile schließlich läßt sich durch die Gleichungsstruktur in besonders übersichtlicher Weise erreichen. Da Schalentheorien das Tragverhalten dünner Kontinua näherungsweise durch dasjenige dehn- und biegesteifer Referenzflächen darzustellen versuchen, können wir den approximativ notwendigen Abbruch des Systems (14) bis (17) durch folgende Definition mechanisch begründen:

Def.: *Ein Flächentragwerk ist ein dreidimensionales Kontinuum, dessen Schalenparameter λ so klein ist, daß seine kinematischen Variablen hinreichend genau durch diejenigen einer Cosserat-Fläche approximierbar sind.*

[1]) Da der Verschiebungsvektor ausschließlich hinsichtlich $\mathring{\boldsymbol{a}}^i$ in Komponenten zerlegt wird, möge hier der Zeiger $\circ$ entfallen.

Diese Definition eines Flächentragwerks entspricht der mechanischen Zielvorstellung, die vermutlich von allen Schalentheorien angestrebt wurde, wegen der zumeist zu anschaulichen (induktiven) Herleitung jedoch selten in konsequenter Weise realisiert werden konnte.

Zunächst allerdings erfolge noch die Beschränkung auf infinitesimal kleine Verformungen, wodurch die geometrischen Größen in (14) mit den entsprechenden der unverformten Referenzfläche näherungsweise gleichgesetzt werden, und alle Komponentenzerlegungen hinsichtlich $\mathring{\boldsymbol{a}}_i$, $\mathring{\boldsymbol{a}}^i$ erfolgen. Aus

$$\mathring{\boldsymbol{r}}^* = L \sum_{n=0,1} (\lambda\,\theta)^n \,\mathring{\boldsymbol{d}}_n = L\,[\mathring{\boldsymbol{d}}_0 + (\lambda\,\theta)\,\mathring{\boldsymbol{d}}_1] = L\,[\mathring{\boldsymbol{d}}_0 + (\lambda\,\theta)\,\mathring{\boldsymbol{a}}_3]\,, \tag{20a}$$

d. h.

$$\mathring{\boldsymbol{d}}_0 \text{ beliebig}, \qquad \mathring{d}_{1\beta} = 0\,, \quad \mathring{d}_{13} = 1 \tag{20b}$$

folgt mit (13c, d):

$$\lambda_{0\beta\alpha} \approx \mathring{\lambda}_{0\beta\alpha} = a_{\alpha\beta}\,, \qquad \lambda_{03\alpha} \approx \mathring{\lambda}_{03\alpha} = 0\,, \tag{20c, d}$$

$$\lambda_{1\beta\alpha} \approx \mathring{\lambda}_{1\beta\alpha} = \mathring{d}_{1\beta|\alpha} - \mathring{d}_{13}\, b_{\alpha\beta} = -\, b_{\alpha\beta}\,, \tag{20e}$$

$$\lambda_{13\alpha} \approx \mathring{\lambda}_{13\alpha} = \mathring{d}_{13,\alpha} + \mathring{d}_{1\lambda}\, b^\lambda_\alpha = 0\,, \tag{20f}$$

wobei Metrik- und Krümmungstensor der unverformten Referenzfläche ab jetzt ohne Kopfzeiger geschrieben werden.

Ausgehend von den kinematischen Variablen (17), die mit denjenigen einer COSSERAT-Fläche (siehe z. B. [7]) verglichen werden, gewinnt man nun definitionsgemäß folgende Grundgleichungen einer linearen Theorie dünner elastischer Flächentragwerke:

$$\left.\begin{aligned} &\text{Wenn } \lambda \ll 1, \text{ so sind} \quad \alpha_{(\alpha\beta)} = \frac{1}{2}(a_{\alpha\beta} - \mathring{a}_{\alpha\beta}) && (21a)\\ &\Delta d_{1i} = d_{1i} - \mathring{d}_{1i} && (21b)\\ &\Delta\lambda_{1i\alpha} = \lambda_{1i\alpha} - \mathring{\lambda}_{1i\alpha} && (21c) \end{aligned}\right\} \text{ vorhanden}$$

und für $n \geqq 2$ $\Delta d_{ni} = \Delta\lambda_{ni\alpha} \leqq O(\vartheta)$ vernachlässigbar klein. Aus den konstitutiven Beziehungen (16) erhält man hiermit:

$$\left.\begin{aligned} &\overline{m}^{0(\alpha\beta)} = \varrho\,\frac{\partial U^0}{\partial \alpha_{(\alpha\beta)}} \quad \overline{m}^{1(\alpha\beta)} = \varrho\,\frac{\partial U^1}{\partial \alpha_{(\alpha\beta)}} && (22a, b)\\ &m^{1i} = \varrho\,\frac{\partial U^0}{\partial \Delta d_{1i}} \quad m^{1\alpha i} = \varrho\,\frac{\partial U^0}{\partial \Delta\lambda_{1i\alpha}} && (22c, d) \end{aligned}\right\} \text{ vorhanden}$$

und für $n \geqq 2$ $\overline{m}^{(\alpha\beta)} = m^{ni} = m^{n\alpha i} \leqq O(\vartheta)$ vernachlässigbar klein.

Die somit verbleibenden Schnittgrößen sind in folgenden Bewegungsgleichungen vertreten, die formal mit $l = n = 0$ und $l = 0$, $n = 1$ aus (14b, c) entstehen:

$$m^{0\alpha\beta}|_\alpha - b^\beta_\alpha\, m^{0\alpha 3} + \varrho\,\overline{p}^{0\beta} = 0\,, \tag{23a}$$

$$m^{0\alpha 3}|_\alpha + b_{\alpha\beta}\, m^{0\alpha\beta} + \varrho\,\overline{p}^{03} = 0\,, \tag{23b}$$

$$m^{1\alpha\beta}|_\alpha - b^\beta_\alpha\, m^{1\alpha 3} - m^{1\beta} + \varrho\,\overline{p}^{1\beta} = 0\,, \tag{23c}$$

$$m^{1\alpha 3}|_\alpha + b_{\alpha\beta}\, m^{1\alpha\beta} - m^{13} + \varrho\,\overline{p}^{13} = 0\,. \tag{23d}$$

Von den Symmetriebedingungen (14d, e) verbleiben bei Berücksichtigung von (20) und (22)

$$\overline{m}^{0(\alpha\beta)} = m^{0\alpha\beta} + m^{1\gamma\alpha}\, b^\beta_\gamma\,, \tag{24a}$$

$$m^{0\alpha 3} = m^{1\alpha} + m^{1\gamma 3}\, b^\alpha_\gamma\,, \tag{24b}$$

$$\overline{m}^{1(\alpha\beta)} = m^{1\alpha\beta}\,, \tag{24c}$$

$$m^{1\alpha 3} = 0\,. \tag{24d}$$

Das Gesetz der Massenerhaltung (14a), das bei Annahme infinitesimaler Verformungen stets erfüllt ist, wurde nicht erneut aufgeführt. Bemerkenswert an dieser Approximation ist, daß zwar die kinematischen Variablen definitionsgemäß denen einer COSSERAT-Fläche gleichen, dies jedoch nicht für den Aufbau sich entsprechender Feldgleichungen gilt. So sind beispielsweise die konstitutiven Beziehungen (22) durch die Existenz *zweier* elastischer Potentialfunktionen $\varrho\, U^0$, $\varrho\, U^1$ gekennzeichnet, die — wie alle übrigen Schnitt- und Belastungsgrößen — über (11) mit den Ursprungsfunktionen des dreidimensionalen Kontinuums verknüpft sind.

4. Elastische Potentiale und erste Einschränkungen

Zunächst werden einige elementare Tensorfunktionen des unverformten dünnen Schalenraumes bestimmt, die aus (20a) folgen:

$$\mathring{\boldsymbol{g}}_\alpha = \mathring{\boldsymbol{r}}^*_{,\alpha} = L\,[\mathring{\boldsymbol{d}}_{0,\alpha} + (\lambda\,\theta)\,\mathring{\boldsymbol{a}}_3] = L\,[\mathring{\boldsymbol{a}}_\alpha - (\lambda\,\theta)\, b^\varrho_\alpha\, \mathring{\boldsymbol{a}}_\varrho] = L\,[\delta^\varrho_\alpha - (\lambda\,\theta)\, b^\varrho_\alpha]\,\mathring{\boldsymbol{a}}_\varrho = L\,\mu^\varrho_\alpha\, \mathring{\boldsymbol{a}}_\varrho\,, \tag{25a}$$

$$\mathring{\boldsymbol{g}}_3 = \mathring{\boldsymbol{r}}^*_{,3} = L\,\lambda\,\mathring{\boldsymbol{a}}_3 = h\,\mathring{\boldsymbol{a}}_3\,, \tag{25b}$$

$$g_{\alpha\beta} = L^2\, c_{\alpha\beta}; \qquad g_{3\alpha} = g_{\alpha 3} = 0; \qquad g_{33} = L^2\,\lambda^2 = h^2 \tag{25c, d, e}$$

mit

$$c_{\alpha\beta} = \mu_\alpha^\varrho \mu_{\varrho\beta} = a_{\alpha\beta} - 2(\lambda\theta) b_{\alpha\beta} + (\lambda\theta)^2 b_\alpha^\varrho b_{\varrho\beta} . \tag{25f}$$

Die entsprechenden kontravarianten Komponenten lauten

$$\mathring{\boldsymbol{g}}^\alpha = \frac{1}{L} (\mu_\varrho^\alpha)^{-1} \mathring{\boldsymbol{a}}^\varrho \qquad \text{mit} \qquad (\mu_\varrho^\alpha)^{-1} = \delta_\varrho^\alpha + (\lambda\theta) b_\varrho^\alpha + (\lambda\theta)^2 b_\lambda^\alpha b_\varrho^\lambda + \cdots , \tag{26a, b}$$

$$\mathring{\boldsymbol{g}}^3 = \frac{1}{L\lambda} \mathring{\boldsymbol{a}}^3 = \frac{1}{h} \mathring{\boldsymbol{a}}^3 , \tag{26c}$$

$$g^{\alpha\beta} = \frac{1}{L^2} c^{\alpha\beta} ; \qquad g^{\alpha 3} = g^{3\alpha} = 0 ; \qquad g^{33} = \frac{1}{L^2\lambda^2} = \frac{1}{h^2} \tag{26d, e, f}$$

mit

$$c^{\alpha\beta} = (\mu_\varrho^\alpha)^{-1} (\mu^{\varrho\beta})^{-1} = a^{\alpha\beta} + 2(\lambda\theta) b^{\alpha\beta} + 3(\lambda\theta)^2 b^{\alpha\varrho} b_\varrho^\beta + \cdots . \tag{26g}$$

Weiterhin benötigen wir (siehe z. B. [17], S. 55):

$$\sqrt{\frac{g}{a}} = \sqrt{\frac{\det g_{\alpha\beta}}{\det a_{\alpha\beta}}} = \lambda L^3 [1 - (\lambda\theta) H + (\lambda\theta)^2 K] \tag{27a}$$

mit

$$H = \frac{1}{2} b_\lambda^\lambda \qquad \text{mittlere Krümmung} \tag{27b}$$

$$K = \det b_\varrho^\lambda \qquad \text{GAUSSsche Krümmung.} \tag{27c}$$

Vergleicht man nun die definitionsgemäß vorhandenen kinematischen Variablen (21) mit der vorausgesetzten Beschreibung (20a) des unverformten Schalenraumes, so erkennt man, daß wegen (7b) der Verschiebungsvektor (18a) ebenfalls höchstens durch eine in $(\lambda\theta)$ lineare Funktion approximiert werden kann:

$$\boldsymbol{u}^* = L \sum_{n=0,1} u_{ni} \mathring{\boldsymbol{a}}^i = L [u_{0i} + (\lambda\theta) u_{1i}] \mathring{\boldsymbol{a}}^i . \tag{28}$$

Hieraus und aus (7c, d) erhält man mit (25a, b) die Komponenten des GREENschenVerzerrungstensors (4e) einer linearen Theorie als Funktion der existierenden Komponenten des Verschiebungvektors

$$\begin{aligned} \gamma_{\alpha\beta} = \frac{1}{2} (\mathring{\boldsymbol{g}}_\alpha \cdot \boldsymbol{u}^*_{,\beta} + \mathring{\boldsymbol{g}}_\beta \cdot \boldsymbol{u}^*_{,\alpha}) = L^2 \Big\{ & \frac{1}{2} [u_{0\alpha|\beta} + u_{0\beta|\alpha} - 2 u_{03} b_{\alpha\beta}] + \\ & + \frac{1}{2} (\lambda\theta) [u_{1\alpha|\beta} + u_{1\beta|\alpha} - 2 u_{13} b_{\alpha\beta} - u_{0\varrho|\alpha} b_\beta^\varrho - u_{0\varrho|\beta} b_\alpha^\varrho + 2 u_{03} b_\alpha^\varrho b_{\varrho\beta}] + \\ & + \frac{1}{2} (\lambda\theta)^2 [- u_{1\varrho|\alpha} b_\beta^\varrho - u_{1\varrho|\beta} b_\alpha^\varrho + 2 u_{03} b_\alpha^\varrho b_{\varrho\beta}] \Big\} , \end{aligned} \tag{29a}$$

$$\gamma_{\alpha 3} = \frac{1}{2} (\mathring{\boldsymbol{g}}_\alpha \cdot \boldsymbol{u}^*_{,3} + \mathring{\boldsymbol{g}}_3 \cdot \boldsymbol{u}^*_{,\alpha}) = \frac{1}{2} L^2 \lambda \{ [u_{03,\alpha} + u_{0\lambda} b_\alpha^\lambda + u_{1\alpha}] + (\lambda\theta) u_{13,\alpha} \} , \tag{29b}$$

$$\gamma_{33} = \frac{1}{2} (\mathring{\boldsymbol{g}}_3 \cdot \boldsymbol{u}^*_{,3} + \mathring{\boldsymbol{g}}_3 \cdot \boldsymbol{u}^*_{,3}) = L^2 \lambda^2 u_{13} . \tag{29c}$$

Auch die kinematischen Variablen (21) sollen nun als Funktionen der Komponenten des Verschiebungsvektors (28) dargestellt werden. Ausgehend von (7b, 8) und (9)

$$\boldsymbol{a}_\alpha = \boldsymbol{d}_{0,\alpha} = \mathring{\boldsymbol{d}}_{0,\alpha} + \boldsymbol{u}_{0,\alpha} = \mathring{\boldsymbol{a}}_\alpha + u_{0\cdot\alpha}^{\ i} \mathring{\boldsymbol{a}}_i = (\delta_\alpha^i + u_{0\cdot\alpha}^{\ i}) \mathring{\boldsymbol{a}}_i = \mathring{a}_\alpha^i \mathring{\boldsymbol{a}}_i \tag{30}$$

gewinnt man nach einigen Zwischenschritten (siehe [11], S. 67) die *Shifter*-Komponenten (18c) in folgender linearisierter Form:

$$\boldsymbol{a}_k = \mathring{a}_k^i \mathring{\boldsymbol{a}}_i \qquad \text{mit} \qquad \mathring{a}_\alpha^\beta = \delta_\alpha^\beta + u_{0\cdot}^{\ \beta}|_\alpha - u_{03} b_\alpha^\beta , \tag{31a, b}$$

$$\mathring{a}_\alpha^3 = u_{03,\alpha} + u_{0\cdot}^{\ \lambda} b_{\lambda\alpha} , \tag{31c}$$

$$\mathring{a}_3^\beta = - \mathring{a}_\nu^3 b^{\nu\beta} , \tag{31d}$$

$$\mathring{a}_3^3 = 1 + \cdots . \tag{31e}$$

Wertet man nun (17a, 19b, d) unter Verwendung von (31) und (20b) aus, so erhält man, ebenfalls nach vollständiger Linearisierung

$$\alpha_{(\alpha\beta)} = \frac{1}{2} [u_{0\alpha|\beta} + u_{0\beta|\alpha} - 2 u_{03} b_{\alpha\beta}] , \tag{32a}$$

$$\Delta d_{1\alpha} = u_{03,\alpha} + u_{0\lambda} b_\alpha^\lambda + u_{1\alpha} , \tag{32b}$$

$$\Delta d_{13} = u_{13}\,, \tag{32c}$$

$$\Delta \lambda_{1\beta\alpha} = u_{1\beta|\alpha} - u_{13}\, b_{\alpha\beta} - u_{0\varrho|\beta}\, b^{\varrho}_{\alpha} + u_{03}\, b_{\alpha\varrho}\, b^{\varrho}_{\beta}\,, \tag{32d}$$

$$\Delta \lambda_{13\alpha} = u_{13,\alpha} + \Delta d_{1\lambda}\, b^{\lambda}_{\alpha}\,. \tag{32e}$$

Schließlich lassen sich nun, durch Kombination von (29) und (32), die Teilkomponenten des Greenschen Verzerrungstensors mit den kinematischen Variablen folgendermaßen verknüpfen:

$$\gamma_{\alpha\beta} = L^2 \{\alpha_{(\alpha\beta)} + (\lambda\,\theta)\, \Delta\lambda_{1(\alpha\beta)} - (\lambda\,\theta)^2 (\Delta\lambda_{1\varrho(\alpha}\, b^{\varrho}_{\beta)} + \alpha_{(\lambda\varrho)}\, b^{\lambda}_{\alpha}\, b^{\varrho}_{\beta})\}\,, \tag{33a}$$

$$\gamma_{\alpha 3} = \frac{1}{2} L^2 \lambda\, \{\Delta d_{1\alpha} + (\lambda\,\theta)\,(\Delta\lambda_{13\alpha} - \Delta d_{1\lambda}\, b^{\lambda}_{\alpha})\}\,, \tag{33b}$$

$$\gamma_{33} = L^2 \lambda^2\, \Delta d_{13}\,. \tag{33c}$$

Bevor wir nun, aufbauend auf (33), die elastischen Potentiale $\varrho\, U^0$ und $\varrho\, U^1$ bestimmen, sei an die Beziehung (24d) erinnert, die im Rahmen dieser approximativen Herleitung der Schalengleichungen den Quermomentenvektor $m^{1\alpha 3}$ als vernachlässigbar klein (und den Momententensor $m^{1\alpha\beta}$ nach (24c) somit als symmetrisch) postuliert. Wegen (22d) muß damit die korrespondierende kinematische Variable ebenfalls vernachlässigbar klein sein, d. h. mit (32c, e)

$$\Delta\lambda_{13\alpha} = \Delta d_{13,\alpha} + \Delta d_{1\lambda}\, b^{\lambda}_{\alpha} \approx 0\,. \tag{34a}$$

Grundsätzlich könnte die Relation (34a) als zusätzliche Bedingungsgleichung eingeführt werden, doch sind derartige Schalentheorien unbekannt. Sie muß daher als *Größenordnungsbeziehung* verstanden werden, d. h.

$$\Delta d_{13,\alpha} \approx 0\,, \qquad m^{13}{}_{,\alpha} = \left(\varrho \frac{\partial U^0}{\partial \Delta d_{13}}\right)_{,\alpha} = \varrho \frac{\partial^2 U^0}{(\partial \Delta d_{13})^2}\, \Delta d_{13,\alpha} \approx 0\,, \tag{34b, c}$$

folglich:

$$m^{13} \approx \text{konst}\,.$$

und

$$\Delta d_{1\lambda}\, b^{\gamma}_{\alpha} \approx 0\,. \tag{34d}$$

Eine bei der Lösung des Schalenrandwertproblems von vornherein als konstant anzusetzende Schnittgröße ist mathematisch unsinnig, es sei denn

$$m^{13} = \Delta d_{13} \approx 0\,. \tag{34e}$$

Da m^{13} laut (11d, 12c) die Resultierende der Quernormalspannungen bildet, kommt in (34e) die Unfähigkeit jeder Schalentheorie zum Ausdruck, den Spannungszustand in der Nähe von Einzellasten, Belastungssprüngen und Auflagern zu beschreiben. Schließt man zusätzlich noch die Momentenbelastung $\varrho\, \bar{p}^{13}$ aus, so erscheint es im Lichte von (24e) und (34e) folgerichtig, die Reste der Bewegungsgleichung (23e) vollständig zu unterdrücken. Die Bedingung (34e) schließlich lehrt uns, daß Flächenträgertheorien unter Berücksichtigung transversaler Schubverformungen $\Delta d_{1\lambda}$ bei Platten ($b^{\lambda}_{\alpha} \equiv 0$) und flachen Schalen eine gewisse Berechtigung besitzen mögen, nicht dagegen bei stärker gekrümmten Schalen.

Zur Aufstellung der elastischen Schalenpotentiale setzen wir einen Körper mit isotropen Werkstoffeigenschaften voraus:

$$\varrho^*\, U^* = \frac{1}{2} E^{ijrs}\, \gamma_{ij}\, \gamma_{rs} = \frac{G}{2}\left[g^{ir}\, g^{js} + g^{is}\, g^{jr} + \frac{2\,\nu}{1-2\,\nu} g^{ij}\, g^{rs}\right] \gamma_{ij}\, \gamma_{rs} \tag{35a}$$

mit

$$G = \frac{E}{2\,(1+\nu)} \quad \text{Schubmodul,} \qquad E \ \text{Elastizitätsmodul,} \qquad \nu \ \text{Querdehnungszahl.} \tag{35b}$$

Unter Verwendung von (26e) entsteht hieraus:

$$\varrho^*\, U^* = \frac{1}{2} \{E^{\alpha\beta\varrho\sigma}\, \gamma_{\alpha\beta}\, \gamma_{\varrho\sigma} + 2\, E^{\alpha\beta 33}\, \gamma_{\alpha\beta}\, \gamma_{33} + 4\, E^{\alpha 3\varrho 3}\, \gamma_{\alpha 3}\, \gamma_{\varrho 3} + E^{3333}\, \gamma_{33}\, \gamma_{33}\} \tag{35c}$$

mit den folgenden durch (26d, f, g) darstellbaren Elastizitätstensoren:

$$E^{\alpha\beta\varrho\sigma} = G\left[g^{\alpha\varrho}\, g^{\beta\sigma} + g^{\alpha\sigma}\, g^{\beta\varrho} + \frac{2\,\nu}{1-2\,\nu} g^{\alpha\beta}\, g^{\varrho\sigma}\right] = \frac{G}{L^4}\left[\overset{(0)}{E}{}^{\alpha\beta\varrho\sigma} + (\lambda\,\theta)\, \overset{(1)}{E}{}^{\alpha\beta\varrho\sigma} + (\lambda\,\theta)^2\, \overset{(2)}{E}{}^{\alpha\beta\varrho\sigma} + \cdots\right] \tag{36a}$$

mit:

$$\overset{(0)}{E}{}^{\alpha\beta\varrho\sigma} = a^{\alpha\varrho}\, a^{\beta\sigma} + a^{\alpha\sigma}\, a^{\beta\varrho} + \frac{2\,\nu}{1-2\,\nu} a^{\alpha\beta}\, a^{\varrho\sigma}\,, \tag{36b}$$

$$\overset{(1)}{E}{}^{\alpha\beta\varrho\sigma} = 2\,(b^{\alpha\varrho}\, a^{\beta\sigma} + a^{\alpha\varrho}\, b^{\beta\sigma} + b^{\alpha\sigma}\, a^{\beta\varrho} + a^{\alpha\sigma}\, b^{\beta\varrho}) + \frac{4\,\nu}{1-2\,\nu}(a^{\alpha\beta}\, b^{\varrho\sigma} + b^{\alpha\beta}\, a^{\varrho\sigma})\,, \tag{36c}$$

$$\overset{(2)}{E}{}^{\alpha\beta\varrho\sigma} = 3\, b^{\alpha\lambda}\, b^{\varrho}_{\lambda}\, a^{\beta\sigma} + 4\, b^{\alpha\varrho}\, b^{\beta\sigma} + 3\, a^{\alpha\varrho}\, b^{\beta\lambda}\, b^{\sigma}_{\lambda} + 3\, b^{\alpha\lambda}\, b^{\sigma}_{\lambda}\, a^{\beta\varrho} + 4\, b^{\alpha\sigma}\, b^{\beta\varrho} + 3\, a^{\alpha\sigma}\, b^{\beta\lambda}\, b^{\varrho}_{\lambda} + $$
$$+ \frac{2\,\nu}{1-2\,\nu}(3\, b^{\alpha\lambda}\, b^{\beta}_{\lambda}\, a^{\varrho\sigma} + 4\, b^{\alpha\beta}\, b^{\varrho\sigma} + 3\, a^{\alpha\beta}\, b^{\varrho\lambda}\, b^{\sigma}_{\lambda}) \,, \tag{36d}$$

$$E^{\alpha\beta 33} = \frac{G\, 2\,\nu}{\lambda^2\, L^4\, (1-2\,\nu)}\, [a^{\alpha\beta} + (\lambda\,\theta)\, 2\, b^{\alpha\beta} + (\lambda\,\theta)^2\, 3\, b^{\alpha\lambda}\, b^{\beta}_{\lambda} + \cdots] \,, \tag{36e}$$

$$E^{\alpha 3 \varrho 3} = \frac{G}{\lambda^2\, L^4}\, [a^{\alpha\varrho} + (\lambda\,\theta)\, 2\, b^{\alpha\varrho} + (\lambda\,\theta)^2\, 3\, b^{\alpha\lambda}\, b^{\varrho}_{\lambda} + \cdots] \,, \tag{36f}$$

$$E^{3333} = \frac{G\, 2\, (1-\nu)}{\lambda^4\, L^4\, (1-2\,\nu)} \,. \tag{36g}$$

Jetzt bilden wir entsprechend (11a) die Integraltransformationen der inneren Energie

$$\varrho\, U^l = \frac{\lambda^2}{L^2} \int\limits_{-1/2}^{+1/2} \sqrt{\frac{g}{a}}\, \varrho^*\, U^*\, \theta^l\, d\theta = \frac{\lambda^l}{L^2} \int\limits_{-1/2}^{+1/2} \sqrt{\frac{g}{a}}\, E^{ijrs}\, \gamma_{ij}\, \gamma_{rs}\, \theta^l\, d\theta \,, \tag{37a}$$

wobei durch die Integrationsgrenzen die bisher beliebige Referenzfläche $\mathring{\boldsymbol{r}}_0$ mit der *Schalenmittelfläche* identifiziert wird. Berücksichtigen wir hierin nun (27a), (36) sowie (33) mit (34a, d, e), unterdrücken nach der Integration alle höheren Potenzen des Schalenparameters ab λ^4 und wählen schließlich $l = 0, 1$, so entstehen die für dünne Schalen auftretenden elastischen Potentiale

$$\varrho\, U^0 = \frac{G\,h}{2} \Big[\overset{(0)}{E}{}^{\alpha\beta\varrho\sigma}\, \alpha_{(\alpha\beta)}\, \alpha_{(\varrho\sigma)} + a^{\alpha\varrho}\, \Delta d_\alpha\, \Delta d_\varrho + \frac{\lambda^2}{12} \Big\{ \Big[\overset{(0)}{E}{}^{\alpha\beta\varrho\sigma} (\Delta\lambda_{1(\alpha\beta)}\, \Delta\lambda_{1(\varrho\sigma)} -$$
$$\underline{- \Delta\lambda_{1\lambda(\alpha} b^{\lambda}_{\beta)}\, \alpha_{(\varrho\sigma)} - \Delta\lambda_{1\lambda(\varrho} b^{\lambda}_{\sigma)}\, \alpha_{(\alpha\beta)} - \alpha_{(\lambda\nu)}\, b^{\lambda}_{\alpha}\, b^{\nu}_{\beta}\, \alpha_{(\varrho\sigma)} - \alpha_{(\lambda\nu)}\, b^{\lambda}_{\varrho}\, b^{\nu}_{\sigma}\, \alpha_{(\alpha\beta)}) +} \tag{37b}$$
$$\underline{+ \overset{(1)}{E}{}^{\alpha\beta\varrho\sigma} (\alpha_{(\alpha\beta)}\, \Delta\lambda_{1(\varrho\sigma)} + \Delta\lambda_{1(\alpha\beta)}\, \alpha_{(\varrho\sigma)}) + \overset{(2)}{E}{}^{\alpha\beta\varrho\sigma}\, \alpha_{(\alpha\beta)}\, \alpha_{(\varrho\sigma)} \Big] -}$$
$$\underline{- 2\, H \Big[\overset{(0)}{E}{}^{\alpha\beta\varrho\sigma} (\alpha_{(\alpha\beta)}\, \Delta\lambda_{1(\varrho\sigma)} + \Delta\lambda_{1(\alpha\beta)}\, \alpha_{(\varrho\sigma)}) + \overset{(1)}{E}{}^{\alpha\beta\varrho\sigma}\, \alpha_{(\alpha\beta)}\, \alpha_{(\varrho\sigma)} \Big] + K\, \overset{(0)}{E}{}^{\alpha\beta\varrho\sigma}\, \alpha_{(\alpha\beta)}\, \alpha_{(\varrho\sigma)}} \Big\} \Big] \,,$$

$$\varrho\, U^1 = \frac{G\,h}{2}\, \frac{\lambda^2}{12} \Big\{ \Big[\overset{(0)}{E}{}^{\alpha\beta\varrho\sigma} (\alpha_{(\alpha\beta)}\, \Delta\lambda_{1(\varrho\sigma)} + \Delta\lambda_{1(\alpha\beta)}\, \alpha_{(\varrho\sigma)}) \underline{+ \overset{(1)}{E}{}^{\alpha\beta\varrho\sigma}\, \alpha_{(\alpha\beta)}\, \alpha_{(\varrho\sigma)} \Big] - 2\, H\, \overset{(0)}{E}{}^{\alpha\beta\varrho\sigma}\, \alpha_{(\alpha\beta)}\, \alpha_{(\varrho\sigma)} \Big\}} \,. \tag{37c}$$

5. Die Grenzfälle der Flächenträgertheorie

Zur Herleitung expliziter konstitutiver Beziehungen aus den Potentialen (37b, c) sollen nun die bei Beachtung von (24c, d) und (34c) verbleibenden Differentialvorschriften (22) angewendet werden:

$$\overline{m}^{0(\alpha\beta)} = \varrho\, \frac{\partial U^0}{\partial \alpha_{(\alpha\beta)}} \,, \qquad m^{1\beta} = \varrho\, \frac{\partial U^0}{\partial \Delta d_{1\beta}} \,, \tag{38a, b}$$

$$\overline{m}^{1(\alpha\beta)} = m^{1\alpha\beta} = m^{1(\alpha\beta)} = \varrho\, \frac{\partial U^0}{\partial \Delta\lambda_{1(\alpha\beta)}} = \varrho\, \frac{\partial U^1}{\partial \alpha_{(\alpha\beta)}} \,. \tag{38c}$$

Dabei erkennt man, daß wegen (38c) ein Widerspruch im Momententensor nur dann vermieden werden kann, wenn die aus den quadratischen Termen des GREENschen Verzerrungstensors (33) herrührenden unterstrichenen Glieder in (37b) unterdrückt werden. Glieder gleicher Größenordnung

$$a^{\alpha\beta}\, a^{\varrho\sigma}\, \alpha_{(\alpha\beta)}\, \alpha_{(\lambda\nu)}\, b^{\lambda}_{\varrho}\, b^{\nu}_{\sigma} \,, \qquad a^{\alpha\beta}\, a^{\varrho\sigma}\, \alpha_{(\alpha\beta)}\, \Delta\lambda_{1\lambda\varrho}\, b^{\gamma}_{\sigma} \tag{39a, b}$$

treten aber, wie ein Blick auf (27; 36c, d) erkennen läßt, ebenfalls in allen unterstrichelten Gliedern von (37b, c) auf. Will man daher widersprüchliche Formulierungen im Elastizitätsgesetz des Momententensors vermeiden, sind folgerichtig *alle* markierten Glieder in (37b, c) zu vernachlässigen. Wann und unter welchen Einschränkungen ist dies erlaubt? Zur Klärung dieser Frage werden wir zweckmäßig drei Fallunterscheidungen treffen, wobei die transversalen Schubverzerrungen $\Delta d_{1\lambda}$ wegen der ihnen zukommenden Sonderrolle aus dieser Betrachtung ausgeklammert werden können. Das Symbol O bezeichnet die Größenordnung einer typischen (physikalischen) Komponente der betreffenden kinematischen Variablen.

a) $O(\Delta\lambda_{1(\alpha\beta)}) = \varepsilon_1\, O(\alpha_{(\alpha\beta)})$: *Membrantheorie*; $\quad \varepsilon_1 \ll 1$; d. h. $\dfrac{O(\Delta\lambda_{1(\alpha\beta)})}{O(\alpha_{(\alpha\beta)})} \ll 1$.

Alle $\Delta\lambda_{1(\alpha\beta)}$ enthaltenden Glieder sollen mindestens um ε_1 kleiner sein als die übrigen. Da außerdem $\lambda^2/12$ als vernachlässigbar klein gegen 1 anzusehen ist, lautet das Ergebnis einer konsequenten Streichung kleiner Terme

$$\varrho\, U^0 \approx \frac{G\,h}{2}\, \overset{(0)}{E}{}^{\alpha\beta\varrho\sigma}\, \alpha_{(\alpha\beta)}\, \alpha_{(\varrho\sigma)} \,, \tag{40a}$$

$$\varrho\, U^1 \approx 0 \,. \tag{40b}$$

b) $O(\alpha_{(\alpha\beta)}) = \varepsilon_2\, O(\Delta\lambda_{1(\alpha\beta)})$: *Theorie dehnungsloser Verbiegungen,* $\varepsilon_2 \ll \lambda \ll 1$; d. h. $\dfrac{O(\alpha_{(\alpha\beta)})}{O(\Delta\lambda_{1(\alpha\beta)})} \ll \lambda \ll 1$.

Unter dieser Annahme verbleibt von (37b, c)

$$\varrho\, U^0 \approx \frac{G\,h}{2}\frac{\lambda^2}{12}\overset{(0)}{E}{}^{\alpha\beta\varrho\sigma}\,\Delta\lambda_{1(\alpha\beta)}\,\Delta\lambda_{1(\varrho\sigma)}\,, \tag{41a}$$

$$\varrho\, U^1 \approx \frac{G\,h}{2}\frac{\lambda^2}{6}\overset{(0)}{E}{}^{\alpha\beta\varrho\sigma}\,\alpha_{(\alpha\beta)}\,\Delta\lambda_{1(\varrho\sigma)}\,. \tag{41b}$$

In diesem Fall kann die gewählte Eingrenzung noch modifiziert werden, beispielsweise führt $\varepsilon_2 = O_{(\lambda)} \ll 1$ zu einer weiteren Form von $\varrho\, U^0$ (siehe [11], S. 96).

c) $O(\alpha_{(\alpha\beta)}) = O(\Delta\lambda_{1(\alpha\beta)})$: *Schalenbiegetheorie* $\dfrac{O(\alpha_{(\alpha\beta)})}{O(\Delta\lambda_{1(\alpha\beta)})} = 1$ bzw. beliebig.

Hierunter soll demnach auch der Fall verstanden werden, daß die Komponenten beider Verzerrungstensoren von beliebiger Größenordnung seien. Die bisherigen Fallunterscheidungen wurden allein durch den Verzerrungszustand des Tragwerks definiert, galten demnach für beliebige Schalenkrümmungen, und die entstehenden Fehler konnten durch ε_1; ε_2 bzw. λ abgeschätzt werden. Im Gegensatz hierzu sind, wie ersichtlich, die erwünschten Streichungen nur möglich, wenn

$$O(b^\varrho_\lambda) \ll 1; \qquad \text{d. h} \qquad \varrho = \frac{L}{R} \ll 1 \tag{42a}$$

mit R als kleinstem Krümmungsradius ($R \leq L$) gilt. Eine relative Schranke des durch (43b, c) in (37b, c) begangenen Fehlers wird dabei durch den Krümmungsparameter ϱ angegeben:

$$\varrho\, U^0 \approx \frac{G\,h}{2}\left[\overset{(0)}{E}{}^{\alpha\beta\varrho\sigma}\,\alpha_{(\alpha\beta)}\,\alpha_{(\varrho\sigma)} + \right.$$

$$\left. + \frac{\lambda^2}{12}\overset{(0)}{E}{}^{\alpha\beta\varrho\sigma}\,\Delta\lambda_{1(\alpha\beta)}\,\Delta\lambda_{1(\varrho\sigma)}\right], \tag{42b}$$

$$\varrho\, U^1 \approx \frac{G\,h}{2}\frac{\lambda^2}{6}\overset{(0)}{E}{}^{\alpha\beta\varrho\sigma}\,\alpha_{(\alpha\beta)}\,\Delta\lambda_{1(\varrho\sigma)}\,. \tag{42c}$$

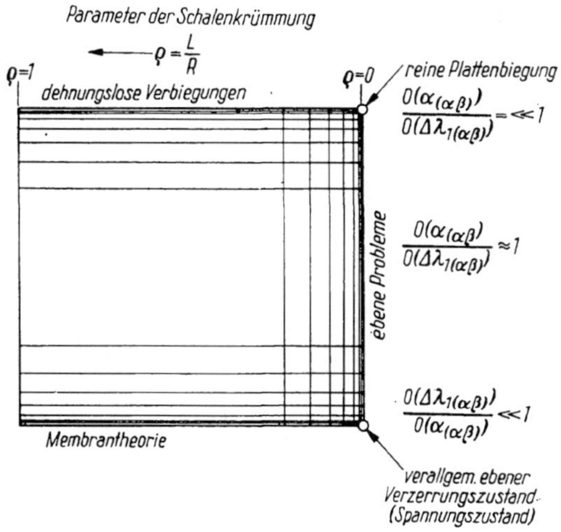

Bild 2. Widerspruchsfreie Grenzfälle der konstitutiven Beziehungen einer ersten Approximation

Damit ist ein interessanter Sachverhalt aufgezeigt worden, den Bild 2 zu illustrieren versucht. Während Gleichgewicht und Kinematik dünner Flächentragwerke ohne bemerkenswerte Schwierigkeiten flächenhaft approximierbar sind, gilt dies nicht für die konstitutiven Beziehungen bzw. die zugeordneten Potentiale. *Widerspruchsfreie* Formen sind hier nur für die Grenzfälle der Membrantheorie $\varepsilon_1 = 0$, der dehnungslosen Verbiegungen $\varepsilon_2 = 0$ und der ebenen Probleme $\varrho = 0$ möglich, d. h. für die Ränder des geschlossenen Rechteckbereichs in Bild 2. Jedes Abweichen von diesen Grenzfällen, wie es bei praktischen Schalenproblemen stets auftritt, öffnet einen Unschärfebereich in den Elastizitätsgesetzen.

6. Grundgleichungen einer konsistenten ersten Approximation

Die somit angebbaren Grundgleichungen einer Schalenbiegetheorie bilden eine mit den Eingangsvoraussetzungen konsistente erste Approximation, der allerdings zwangsläufig eine Reihe von Einschränkungen anhaftet. Für ihre abschließende Zusammenstellung — nun wieder unter Einschluß von Schubverzerrungen — seien konventionelle Bezeichnungen verwandt:

$$m^{0\,\alpha\beta} \mathrel{\hat{=}} n^{\alpha\beta}\,, \qquad \varrho\,\bar{p}^{0\,i} \mathrel{\hat{=}} p^i\,, \tag{43a, b}$$

$$m^{1\,\alpha\beta} \mathrel{\hat{=}} m^{\alpha\beta}\,, \qquad \varrho\,\bar{p}^{1\,\alpha} \mathrel{\hat{=}} c^\alpha\,, \tag{43c, d}$$

$$m^{1\,\alpha} \mathrel{\hat{=}} q^\alpha\,, \qquad \Delta\lambda_{1(\alpha\beta)} \mathrel{\hat{=}} \beta_{(\alpha\beta)}\,, \tag{43e, f}$$

$$\Delta d_{1\,\alpha} \mathrel{\hat{=}} \gamma_\alpha\,, \tag{43g}$$

Bewegungsgleichungen:

$$n^{\alpha\beta}|_\alpha - b^\beta_\alpha\, q^\alpha + p^\beta = 0\,, \qquad q^\alpha|_\alpha + b_{\alpha\beta}\, n^{\alpha\beta} + p^3 = 0\,, \qquad m^{\alpha\beta}|_\alpha - q^\beta + c^\beta = 0\,, \tag{44a, b, c}$$

Symmetriebedingungen:

$$\bar{n}^{(\alpha\beta)} = n^{\alpha\beta} + m^{\lambda\alpha}\, b^\beta_\lambda\,, \tag{44d}$$

Elastizitätsgesetze (konstitutive Beziehungen):

$$\overline{n}^{(\alpha\beta)} = G\,h\,\overset{(0)}{E}{}^{\alpha\beta\varrho\sigma}\,\alpha_{(\varrho\sigma)}\,, \qquad m^{(\alpha\beta)} = G\,h\,\frac{\lambda^2}{12}\,\overset{(0)}{E}{}^{\alpha\beta\varrho\sigma}\,\beta_{(\varrho\sigma)}\,, \qquad q^\alpha = G\,h\,a^{\alpha\lambda}\,\gamma_\lambda\,, \tag{44e, f, g}$$

Kinematische Variablen (Verzerrungstensoren):

$$\alpha_{(\alpha\beta)} = \frac{1}{2}\,[u_{0\alpha|\beta} + u_{0\beta|\alpha} - 2\,u_{03}\,b_{\alpha\beta}]\,, \tag{44h}$$

$$\beta_{(\alpha\beta)} = \frac{1}{2}\,[u_{1\alpha|\beta} + u_{1\beta|\alpha} - u_{0\varrho|\alpha}\,b^\varrho_\beta - u_{0\varrho|\beta}\,b^\varrho_\alpha + 2\,u_{03}b_{\alpha\varrho}\,b^\varrho_\beta]\,, \tag{44i}$$

$$\gamma_\alpha = u_{03,\alpha} + u_{0\lambda}\,b^\lambda_\alpha + u_{1\alpha}\,. \tag{44k}$$

Die beiden im Abschnitt 5 definierten Grenzfälle entstehen hieraus durch Einführung der jeweiligen Definitionen.

Membrantheorie $(\varepsilon_1 = 0)$.

Bewegungsgleichungen (mit Symmetriebedingungen $\overline{n}^{(\alpha\beta)} = n^{\alpha\beta}$):

$$\overline{n}^{(\alpha\beta)}|_\alpha + p^\beta = 0\,, \qquad b_{\alpha\beta}\,\overline{n}^{(\alpha\beta)} + p^3 = 0\,. \tag{45a, b}$$

Elastizitätsgesetze: siehe (44e).
Kinematische Variable: siehe (44h).

Theorie dehnungsloser Verbiegungen $(\varepsilon_2 = 0)$.

Bewegungsgleichungen: siehe (44a, b, c).
Symmetriebedingungen:

$$n^{\alpha\beta} = -\,m^{\lambda\alpha}\,b^\beta_\lambda\,. \tag{45c}$$

Elastizitätsgesetze: siehe (44f, g).
Kinematische Variablen: siehe (44i, k).

Bekanntlich tauchen in der Literatur eine ganze Fülle zweiter Verzerrungstensoren $\beta_{\alpha\beta}$ auf, und es ist verschiedentlich (siehe z. B. [2], S. 22) die Meinung geäußert worden, daß die Schalentheorie diese Wahlfreiheit zulasse. Zwar ist es grundsätzlich richtig, daß sich der Verformungszustand einer Fläche mit verschiedenen Verzerrungstensoren beschreiben läßt, diese erfordern jedoch die Definition ebenfalls unterschiedlicher Schnittgrößen $n^{\alpha\beta}$ und $m^{\alpha\beta}$, um den Energiesatz nicht zu verletzen. Erfolgt dies nicht, sind andere Ausdrücke als (44i) vom energetischen Standpunkt aus abzulehnen. Natürlich kann man durch Umordnungen im elastischen Potential

$$\varrho\,U^0 = \frac{1}{2}\,[\overline{n}^{(\alpha\beta)}\,\alpha_{(\alpha\beta)} + m^{(\alpha\beta)}\,\beta_{(\alpha\beta)} + q^\alpha\,\gamma_\alpha] \tag{46}$$

das aus (42b) und (44e, f, g) gebildet wurde, noch weitere Kombinationen korrespondierender Zustandsgrößen formulieren (siehe [1], [12]), die jedoch alle einen komplizierteren Aufbau als die verwendeten besitzen. Abschließend sei vermerkt, daß eine zu der hier entwickelten völlig analoge Schalentheorie, deren Feldgleichungen noch durch Anfangs- und Randbedingungen zu ergänzen sind, auf deduktivem Wege und unter Voraussetzung der KIRCHHOFF-LOVE-Hypothese $(\gamma_\alpha \equiv 0)$ 1963 von P. M. NAGHDI [13] aufgestellt wurde.

7. Möglichkeiten höherer Approximationen

Die Erkenntnis des Abschnittes 5, daß die Formänderungsenergie (42b) bei gleicher Größenordnung der Verzerrungstensoren widerspruchsfrei nur für ebene Probleme gilt, mag Anlaß zu weiteren geometrischen Vereinfachungen geben. Durch Streichung von $b^\beta_\alpha\,q^\alpha$ in (44a) und aller mit dem Krümmungstensor behafteten Glieder in (44i) entstehen Theorien mit zusätzlichen Einschränkungen, beispielsweise die Theorie flacher Schalen. Sie findet ihre eindimensionale Entsprechung in der Technischen Theorie schwachgekrümmter Stäbe, dort allerdings sind für stärker gekrümmte Stabachsen auch weitergehende Theorien bekannt. Aber auch für Flächentragwerke, insbesondere bei Kreiszylinderschalen, existieren sog. „vollständige Schalentheorien", die durch eine umfassendere Berücksichtigung der Schalenkrümmung im Elastizitätsgesetz gekennzeichnet sind. Liefern sie deswegen genauere, d. h. bessere Approximationen?

Solche höheren Approximationen lassen sich im Rahmen dieser Arbeit aus dem Bestreben gewinnen, mit einer vollständigeren Form von $\varrho\,U^0$ den gegenüber (37b) begangenen relativen Fehler von ϱ auf ϱ^2 herunterzudrücken. Dies ist — wie eine Größenordnungsabschätzung von (37b) zeigt — möglich, wenn auch die das Produkt der beiden Verzerrungstensoren $\alpha_{(\alpha\beta)}$ und $\beta_{(\alpha\beta)}$ enthaltenden Glieder berücksichtigt werden. Die Elastizitätsgesetze für $\overline{n}^{(\alpha\beta)}$ und $m^{(\alpha\beta)}$ nehmen dadurch folgende Form an:

$$\overline{n}^{(\alpha\beta)} = G\,h\left[\overset{(0)}{E}{}^{\alpha\beta\varrho\sigma}\,\alpha_{(\varrho\sigma)} + \frac{\lambda^2}{12}\,G^{\alpha\beta\varrho\sigma}\,\beta_{(\varrho\sigma)}\right], \tag{47a}$$

$$m^{(\alpha\beta)} = G\,h\,\frac{\lambda^2}{12}\left[G^{\alpha\beta\varrho\sigma}\,\alpha_{(\varrho\sigma)} + \overset{(0)}{E}{}^{\alpha\beta\varrho\sigma}\,\beta_{(\varrho\sigma)}\right], \tag{47b}$$

d. h. es entstehen Theorien, wie sie im Aufbau, nicht aber in der Form der Elastizitätstensoren, von GOL'DENVEIZER/LUR'E [3] angegeben worden sind. Da bei diesem Vorgehen jedoch die beiden ersten unterstrichenen Glieder in (37b) berücksichtigt werden müssen, liefert (38c) nun zwei *unterschiedliche* Elastizitätsgesetze für den Momententensor, wobei der Unterschied in dem zusätzlichen Tensor $G^{\alpha\beta\varrho\sigma}$ liegt. Um den sich nun hier öffnenden zusätzlichen Unschärfebereich numerisch abzuschätzen, wurde $G^{\alpha\beta\varrho\sigma}$ unter folgenden vereinfachenden Annahmen

a) die Querdehnungszahl ν werde vernachlässigt,

b) die Schalenmittelfläche sei (nahezu) *euklidisch,*

c) es gelte die KIRCHHOFF-LOVE-Hypothese $\gamma_\alpha \equiv 0$,

aus beiden elastischen Potentialen (37b, c) ermittelt, wobei Einzelheiten der Herleitung in [11], S. 101 verfolgt werden können:

$$G^{\alpha\beta\varrho\sigma} = (1.00 \div 0.75) \overset{(1)}{E}{}^{\alpha\beta\varrho\sigma} - \overset{(0)}{E}{}^{\alpha\beta\varrho\sigma} b^\lambda_\lambda . \tag{47c}$$

Im Rahmen der beschriebenen Vorgehensweise müssen beide Grenzen in (47c) und ebenfalls alle Zwischenwerte als gleichwertig angesehen werden.

Somit öffnet sich als Preis, den „genauere“ Schalentheorien zur Herabsetzung des relativen Fehlers der Formänderungsenergie in die Größenordnung ϱ^2 erfordern, ein weiterer Unschärfebereich in den neu hinzukommenden Gliedern des Elastizitätsgesetzes. Solche Unschärfebereiche sind kennzeichnend für alle Schalentheorien, die durch eine Approximation dreidimensionaler Kontinua entstanden sind. Sie lassen sich weder für eine erste noch für höhere Approximationen vermeiden. Die hier verwendete systematische Herleitung der Schalengleichungen gestattet es auf übersichtliche Weise, die für Unschärfen verantwortlichen Parameter und deren Einflußbereich zu erkennen. Endgültige Aussagen über die erreichbare Genauigkeit bei der Lösung des Anfangs-Randwertproblems der Schalenbiegetheorie lassen sich allerdings auf diesem Wege nicht gewinnen.

Literatur

1 BUDIANSKY, B., SANDERS, J. L., On the "Best" First-order Linear Shell Theory. Progress in Applied Mechanics, the Prager Anniversary Volume, Macmillan, New York, 1963.
2 DUDDECK, H., Was leistet zur Zeit die Schalentheorie? Heft 6 der Schriftenreihe des Lehrstuhls für Stahlbau der Technischen Universität Hannover, 1967; S. 19.
3 GOL'DENVEIZER, A. L., LUR'E, A. J., Die mathematische Theorie elastischer Schalen (in russisch). Prikl. Mat. Mekh., B. 11, S. 565 (1947).
4 GREEN, A. E., NAGHDI, P. M., On Thermodynamics, Rate of Work and Energy. Arch. for Rational Mechanics and Analysis 40, p. 37–49 (1971).
5 GREEN, A. E., NAGHDI, P. M., Non-isothermal Theory of Rods, Plates and Shells. Int. J. Solids Structures 6, p. 209 (1970).
6 GREEN, A. E., ZERNA, W., Theoretical Elasticity. Second Eddition, At the Clarendon Press, Oxford, 1968.
7 GREEN, A. E., NAGHDI, P. M., WAINWRIGHT, W. L., A General Theory of A Cosserat Surface. Archive for Rational Mechanics and Analysis 20, p. 287 (1965).
8 KOITER, W. T., A Systematic Simplification of the General Equations in the Linear Theory of Thin Shells. Proc. Koninklije Nederlandse Akademie Wetenschappen, B. 64, S. 612 (1961).
9 KOITER, W. T., A Consistent First Approximation in the General Theory of Thin Elastic Shells. Proc. IUTAM-Symp. on the Theory of Thin Elastic Shells. North Holland Publishing Comp., Amsterdam 1969.
10 KRÄTZIG, W. B., Allgemeine Schalentheorie beliebiger Werkstoffe und Verformungen. Ingenieur-Archiv 40, S. 311 (1971).
11 KRÄTZIG, W. B., Thermodynamics of Deformations and Shell Theory. Technisch-wissenschaftliche Mitteilungen Nr. 71-3 des Ins tituts für Konstruktiven Ingenieurbau der Ruhr-Universität Bochum, April 1971.
12 NAGHDI, P. M., Foundations of Elastic Shell Theory. Progress in Solid Mechanics, Vol. IV. North-Holland Publishing Comp., Amsterdam 1963.
13 NAGHID, P. M., A New Derivation of the General Equations of Elastic Shells. Int. Journ. Engng. Science 1, p. 509 (1963).
14 SCHMIEDER, L., Schalentheorien mit Schubverformungen in allgemeinen Koordinaten. Zeitschr. Flugwiss. 17, S. 391 und 493 (1969).
15 SENSENIG, C. B., A Shell Theory Compared with the Exact Three Dimensional Theory of Elasticity. Int. J. Engng. Sci. 6, p. 435 (1968).
16 ZERNA, W., A new Formulation of the Theory of elastic Shells. IASS-Buletin 36, p. 61 (1968).
17 ZERNA, W., Herleitung der ersten Approximation der Theorie elastischer Schalen. Abh. Braunschw. Wissenschaftl. Gesellsch., Band XIX, S. 52 (1967).

Eingereicht am 22. 5. 1973

Anschrift: o. Prof. Dr.-Ing. WILFRIED B. KRÄTZIG, Ruhr-Universität Bochum, Lehrstuhl III für Konstruktiven Ingenieurbau 463 Bochum, Universitätsstr. 150, BRD

KLEINE MITTEILUNGEN

ZAMM 54, 277 – 279 (1974)

S. Zlobec/M. W. K. Chan

The Gauss-Bordering Method for Matrix Inversion

1. Introduction

The bordering method for matrix inversion (e. g. [1] pp.163—167) does not rate highly in comparative tests with other popular direct methods for matrix inversion and therefore it is ignored by most numerical mathematicians. This note suggests a direct method for matrix inversion which is a combination of the bordering method and the Gauss method. It consists of two parts: first, an elimination procedure similar to the forward part of the Gauss method is applied to the matrix A (not to the augmented matrix (A, I)!) and then a bordering technique is used to obtain A^{-1}. This „Gauss-bordering method" gives better numerical results than the original bordering method, it is comparable with the Gauss method and for some types of matrices (e. g. for the Hilbert matrices) it gives better numerical results than any other popular direct method.

2. The Gauss-bordering method

The method consists of the forward and the backward part. The forward part constitute the following n steps: First one partitions $A = (a_{ij}) = A^{(n)}$ in the familiar way

$$A^{(n)} = \begin{pmatrix} a_{11} & a_{12} \cdots a_{1n} \\ a_{21} & a_{22} \cdots a_{2n} \\ \cdots & \cdots \\ a_{n1} & a_{n2} \cdots a_{nn} \end{pmatrix} = \begin{pmatrix} a_{11} & A_{12} \\ A_{21} & A_{22} \end{pmatrix} \tag{1}$$

where A_{12}, A_{21} and A_{22} are $1 \times (n-1)$, $(n-1) \times 1$ and $(n-1) \times (n-1)$ submatrices of A, respectively, calculates

$$A_{n-1} = A_{22} - \frac{1}{a_{11}} A_{21} A_{12}, \tag{2}$$

and constructs the matrix

$$A^{(n-1)} = \begin{pmatrix} a_{11} & a_{12} \cdots a_{1n} \\ a_{21} & \\ \cdot & \\ \cdot & A_{n-1} \\ \cdot & \\ a_{n1} & \end{pmatrix}$$

The same procedure (i.e. the partitioning (1) and the calculation (2)) is now applied to the $(n-1) \times (n-1)$ matrix $A_{n-1} = (a_{ij}^{(n-1)})$, $i, j = 2, \ldots, n$. This gives, after the second step, the matrix

$$A^{(n-2)} = \begin{bmatrix} a_{11} & a_{12} & a_{13} & \cdots a_{1n} \\ a_{21} & a_{22}^{(n-1)} & a_{23}^{(n-1)} & \cdots a_{2n}^{(n-1)} \\ a_{31} & a_{32}^{(n-1)} & & \\ \cdot & \cdot & & \\ \cdot & \cdot & A_{n-2} & \\ \cdot & \cdot & & \\ a_{n1} & a_{n2}^{(n-2)} & & \end{bmatrix}.$$

After n such steps, provided that $a_{11} \neq 0$, $a_{22}^{(n-1)} \neq 0, \ldots$, $a_{nn}^{(1)} \neq 0$ one can replace the matrix A by the matrix

$$A^{(1)} = \begin{bmatrix} a_{11} & a_{12} & a_{13} & \cdots & a_{1n} \\ a_{21} & a_{22}^{(n-1)} & a_{23}^{(n-1)} & \cdots & a_{2n}^{(n-1)} \\ a_{31} & a_{32}^{(n-1)} & a_{33}^{(n-2)} & \cdots & a_{3n}^{(n-2)} \\ a_{n-1,1} & a_{n-1,2}^{(n-1)} & a_{n-1,3}^{(n-2)} & \cdots a_{n-1,n-1}^{(2)} & a_{n-1,n}^{(2)} \\ a_{n,1} & a_{n,2}^{(n-1)} & a_{n,3}^{(n-2)} & \cdots a_{n,n-1}^{(2)} & a_{nn}^{(1)} \end{bmatrix}. \tag{3}$$

The forward part is finished. (It should be noted that the matrix $A^{(1)}$ can also be obtained by applying the Gauss method to the matix A (but not to the augmented matrix (A, I)!) and by adding the columns under the pivot elements to the resulting triangular matrix.) If $a_{n-k+1,n-k+1}^{(k)} = 0$ for some k, then $a_{l,n-k+1}^{(k)} \neq 0$ for some $l > k$, since A is non-singular, in which case the k-th and the l-th row have to be interchanged in $A^{(k)}$. In the backward part the following notations are used: For every $k = n, n-1, \ldots, 2$ let

$$A_{12}^{(k)} = (a_{n-k+1,n-k+2}^{(k)}, \ldots, a_{n-k+1,n}^{(k)}),$$

$$A_{21}^{(k)} = \begin{pmatrix} a_{n-k+2,n-k+1}^{(k)} \\ \cdots \\ a_{n,n-k+1}^{(k)} \end{pmatrix}$$

and $A_{11}^{(k)} = a_{n-k+1,n-k+1}^{(k)}$, where $a_{ij}^{(n)} = a_{ij}$ for all i and j. The backward part consists of the following $n-1$ steps: For each $k = 2, \ldots, n$ in the increasing order, first calculate

$$B_{21}^{(k)} = -\frac{1}{A_{11}^{(k)}} B_{22}^{(k-1)} A_{21}^{(k)}, \quad B_{11}^{(k)} = \frac{1}{A_{11}^{(k)}} (1 - A_{12}^{(k)} B_{21}^{(k)})$$

and (4)

$$B_{12}^{(k)} = -\frac{1}{A_{11}^{(k)}} A_{12}^{(k)} B_{22}^{(k-1)},$$

where $B_{22}^{(1)} = \frac{1}{a_{nn}^{(1)}}$, and then form the $k \times k$ matrix

$$B_{22}^{(k)} = \begin{pmatrix} B_{11}^{(k)} & B_{12}^{(k)} \\ B_{21}^{(k)} & B_{22}^{(k-1)} \end{pmatrix}. \tag{5}$$

The last step gives the inverse, i.e. $B_{22}^{(n)} = A^{-1}$, which will be now proved.

Theorem: *In the Gauss-bordering method* $B_{22}^{(n)} = A^{-1}$.

Proof: Consider the matrices $A^{(1)}, A^{(2)}, \ldots, A^{(n-1)}$ defined in the forward part of the method. By definition,

$$B_{22}^{(1)} = \frac{1}{a_{nn}^{(1)}} = \left(a_{nn}^{(2)} - \frac{1}{a_{n-1,n-1}^{(2)}} a_{n,n-1}^{(2)} a_{n-1,n}^{(2)}\right)^{-1}. \tag{6}$$

$B_{22}^{(1)}$ is the inverse of the 1×1 submatrix $a_{nn}^{(1)}$ of $A^{(1)}$. A simple calculation shows that

$$\begin{pmatrix} B_{11}^{(2)} & B_{12}^{(2)} \\ B_{21}^{(2)} & B_{22}^{(1)} \end{pmatrix} \begin{pmatrix} a_{n-1,n-1}^{(2)} & a_{n-1,n}^{(2)} \\ a_{n,n-1}^{(2)} & a_{nn}^{(2)} \end{pmatrix} = \begin{pmatrix} 1 & 0 \\ 0 & 1 \end{pmatrix},$$

by (4) and (6). Therefore the matrix

$$B_{22}^{(2)} = \begin{pmatrix} B_{11}^{(2)} & B_{12}^{(2)} \\ B_{21}^{(2)} & B_{22}^{(1)} \end{pmatrix}$$

is the inverse of the 2×2 submatrix

$$\begin{pmatrix} a_{n-1,n-1}^{(2)} & a_{n-1,n}^{(2)} \\ a_{n,n-1}^{(2)} & a_{nn}^{(2)} \end{pmatrix}$$

of $A^{(2)}$. Proceeding this way one concludes that the matrix $B_{22}^{(k)}$ is the inverse of the $k \times k$ submatrix placed in the right lower corner of $A^{(k)}$, $k = 1, \ldots, n-1$. In particular,

$$B_{22}^{(n-1)} = A_{n-1}^{-1} = \left(A_{22} - \frac{1}{a_{11}} A_{21} A_{12}\right)^{-1}. \tag{7}$$

Now $B_{22}^{(n)} A = I$, by (4), (5) and (7). Therefore $B_{22}^{(n)} = A^{-1}$.

Let us determine the number of arithmetic operations (multiplications and divisions only) for the Gauss-bordering method. In the forward part it is required $n-1$ operations to calculate $\frac{1}{A_{11}^{(k)}} k = n, \ldots, 2$, $\sum_{k=1}^{n} (k-1) = \frac{n(n-1)}{2}$ operations to calculate $\frac{1}{A_{11}^{(k)}} A_{12}^{(k)}, k = n, \ldots, 2$, and $\sum_{k=1}^{n} (k-1)^2 = \frac{n(n-1)(2n-1)}{6}$ operations to calculate $A_{21}^{(k)} \left(\frac{1}{A_{11}^{(k)}} A_{12}^{(k)}\right)$ $k = 2, \ldots, n$, which is the total of $\frac{1}{3} n (n^2 + 2) - 1$ opera-

*) Research partly supported by the National Research Council of Canada under Grant A-7692.

tions. At the k-th stage of the backward part the required number of arithmetic operations is $k-1$ to calculate $\frac{1}{A_{11}^{(k)}} A_{21}^{(k)}$, $(k-1)^2$ to calculate $B_{21}^{(k)} = - B_{22}^{(k-1)} \left(\frac{1}{A_{11}^{(k)}} A_{21}^{(k)}\right)$, $k-1$ to calculate $B_{11}^{(k)} = \frac{1}{A_{11}^{(k)}} - \left(\frac{1}{A_{11}^{(k)}} A_{12}^{(k)}\right) B_{21}^{(k)}$, since $\frac{1}{A_{11}^{(k)}}$ and $\frac{1}{A_{11}^{(k)}} A_{12}^{(k)}$ are known from the forward part, $(k-1)^2$ to calculate $B_{12}^{(k)} = - \left(\frac{1}{A_{11}^{(k)}} A_{12}^{(k)}\right) B_{22}^{(k-1)}$, since $\frac{1}{A_{11}^{(k)}} A_{12}^{(k)}$ is known from the forward part. Also one operation is required for $\frac{1}{A_{11}^{(1)}}$. Therefore the number of operations in the backward part is $\sum_{k=1}^{n} [2(k-1) + 2(k-1)^2] + 1 = \frac{2}{3} n (n^2-1) + 1$, which makes the total number of arithmetic operations for the GAUSS-bordering method the sum of $\frac{1}{3} n (n^2+2) - 1$ and $\frac{2}{3} n (n^2-1) + 1$, which is n^3.

An illustrative example

Let us calculate the inverse of the matrix

$$A = \begin{pmatrix} 2 & 3 & 4 \\ 1 & 5 & -1 \\ 7 & 0 & 6 \end{pmatrix}$$

by the GAUSS-bordering method. Here

$$A_2 = A_{22} - \frac{1}{a_{11}} A_{21} A_{12}, \text{ by (2)}$$

$$= \begin{pmatrix} 5 & -1 \\ 0 & 6 \end{pmatrix} - \frac{1}{2} \begin{pmatrix} 1 \\ 7 \end{pmatrix} (3 \quad 4)$$

$$= \begin{pmatrix} \frac{7}{2} & -3 \\ -\frac{21}{2} & -8 \end{pmatrix}.$$

Now we replace the A_{22} submatrix in A by A_2, which gives

$$A^{(2)} = \begin{pmatrix} 2 & 3 & 4 \\ 1 & \frac{7}{2} & -3 \\ 7 & -\frac{21}{2} & -8 \end{pmatrix}.$$

The matrix A is not needed any more since all the information necessary for inverting A is contained in $A^{(2)}$. Further

$$A_1 = -8 - \frac{1}{\left(\frac{7}{2}\right)} \left(-\frac{21}{2}\right) (-3) = -17$$

and thus A is replaced by

$$A^{(1)} = \begin{pmatrix} 2 & 3 & 4 \\ 1 & \frac{7}{2} & -3 \\ 7 & -\frac{21}{2} & -17 \end{pmatrix}.$$

The forward part of the method is finished. Now we perform the backward part according to the formulae (4) — (5):

$(k=1)$: $B_{22}^{(1)} = \frac{1}{a_{33}^{(1)}} = -\frac{1}{17}$. Thus A is replaced by

$$\begin{pmatrix} 2 & 3 & 4 \\ 1 & \frac{7}{2} & -3 \\ 7 & -\frac{21}{2} & -\frac{1}{17} \end{pmatrix}$$

$$(k=2): \quad B_{21}^{(2)} = -\frac{1}{A_{11}^{(2)}} B_{22}^{(1)} A_{21}^{(2)} = -\frac{3}{17},$$

$$B_{11}^{(2)} = \frac{1}{A_{11}^{(2)}} (1 - A_{12}^{(2)} B_{21}^{(2)}) = \frac{16}{119},$$

$$B_{12}^{(2)} = -\frac{1}{A_{11}^{(2)}} A_{12}^{(2)} B_{22}^{(1)} = -\frac{6}{119},$$

which determines

$$B_{22}^{(2)} = \begin{pmatrix} \frac{16}{119} & -\frac{6}{119} \\ -\frac{3}{17} & -\frac{1}{17} \end{pmatrix}, \text{ and } A \text{ is replaced by}$$

$$\begin{pmatrix} 2 & 3 & 4 \\ 1 & \frac{16}{119} & -\frac{6}{119} \\ 7 & -\frac{3}{17} & -\frac{1}{17} \end{pmatrix}$$

$$(k=3): \quad B_{21}^{(3)} = -\frac{1}{A_{11}^{(3)}} B_{22}^{(2)} A_{21}^{(3)} = \begin{pmatrix} \frac{13}{119} \\ \frac{5}{17} \end{pmatrix},$$

$$B_{11}^{(3)} = \frac{1}{A_{11}^{(3)}} (1 - A_{12}^{(3)} B_{21}^{(3)}) = -\frac{30}{119}$$

$$B_{12}^{(3)} = -\frac{1}{A_{11}^{(3)}} A_{12}^{(3)} B_{22}^{(3)} = \left(\frac{18}{119} \; \frac{23}{119}\right) \text{ and thus}$$

$$B_{22}^{(3)} = \begin{pmatrix} -\frac{30}{119} & \frac{18}{119} & \frac{23}{119} \\ \frac{13}{119} & \frac{16}{119} & -\frac{6}{119} \\ \frac{35}{119} & -\frac{3}{17} & -\frac{1}{17} \end{pmatrix},$$

which is the inverse of A.

3. Computer experience

The GAUSS-bordering method has been tested by the authors on all test matrices for matrix inversion from the GREGORY-KARNEY book [3]. An overall comparison with seven direct methods has shown that for general matrices the GAUSS-bordering method is significantly better than the bordering method and it is comparable with the GAUSS method. If one denotes $E_i = ||X A - I||_i$, $\widetilde{E}_i = ||A X - I||_i$, $i = 1, 2, 3$, where X is the calculated inverse, and for any matrix $B = (b_{ij})$ defines the matrix norms $||B||_1 = \max_{j=1,\ldots,n} \sum_{i=1}^{n} |b_{ij}|$, $||B||_2 = \left(\sum_{i,j=1}^{n} |b_{ij}|^2\right)^{1/2}$ and $||B||_3 = \max_{i=1,\ldots,n} \sum_{j=1}^{n} |b_{ij}|$, then the authors' computer results show that the GAUSS-bordering method produces the smallest overall errors $\widetilde{E}_1$, $\widetilde{E}_2$ and $\widetilde{E}_3$, while the GAUSS method gives the smallest overall errors E_1, E_2 and E_3. In the case of positive definite test matrices from the same book, the GAUSS-bordering method gives the smallest overall errors $\widetilde{E}_1$, $\widetilde{E}_2$, $\widetilde{E}_3$ and E_1, while the factorization method (e.g. [1], pp. 148–150) E_2 and E_3. The GAUSS-bordering method has given best results for positive definite matrices with the property that the absolute values of their principal minors a_{11}, $\det \begin{pmatrix} a_{11} & a_{12} \\ a_{21} & a_{22} \end{pmatrix}$, ..., $\det A$ are monotonically decreasing. An example of such a matrix is the HILBERT matrix $H = (h_{ij}) = \left(\frac{1}{i+j-1}\right)$, $i, j = 1, \ldots, n$ (e.g. [3]). In particular, the inversion of the HILBERT matrix of order $n = 5$ has produced the following errors for the eight methods:

	E_1	E_2	E_3
GAUSS-Bordering	$4.2010 \cdot 10^{-12}$	$3.8651 \cdot 10^{-12}$	$5.2713 \cdot 10^{-12}$
Factorization	$4.7180 \cdot 10^{-12}$	$3.5658 \cdot 10^{-12}$	$3.3329 \cdot 10^{-12}$
GAUSS	$5.1159 \cdot 10^{-12}$	$4.0903 \cdot 10^{-12}$	$4.7728 \cdot 10^{-12}$
System Function ⌹ (e.g. [5])	$1.4628 \cdot 10^{-11}$	$1.2374 \cdot 10^{-12}$	$1.4122 \cdot 10^{-11}$
GAUSS-JORDAN	$1.6655 \cdot 10^{-11}$	$9.5087 \cdot 10^{-12}$	$9.2300 \cdot 10^{-12}$
STIEFEL (e.g. [6])	$1.6968 \cdot 10^{-11}$	$1.0631 \cdot 10^{-11}$	$1.0887 \cdot 10^{-11}$
Bordering	$4.5088 \cdot 10^{-10}$	$3.0964 \cdot 10^{-10}$	$3.5575 \cdot 10^{-10}$
Backward Bordering	$2.0865 \cdot 10^{-9}$	$1.5161 \cdot 10^{-9}$	$2.1331 \cdot 10^{-9}$

	$\tilde{E}_1$	$\tilde{E}_2$	$\tilde{E}_3$
GAUSS-Bordering	$5.2713 \cdot 10^{-12}$	$3.8651 \cdot 10^{-12}$	$4.2010 \cdot 10^{-12}$
STIEFEL	$1.8467 \cdot 10^{-11}$	$1.3023 \cdot 10^{-11}$	$1.5479 \cdot 10^{-11}$
GAUSS	$2.7619 \cdot 10^{-11}$	$2.5285 \cdot 10^{-11}$	$4.3997 \cdot 10^{-11}$
System Function ⌹	$3.0536 \cdot 10^{-11}$	$2.7256 \cdot 10^{-11}$	$3.7293 \cdot 10^{-11}$
GAUSS-JORDAN	$3.7474 \cdot 10^{-11}$	$2.9410 \cdot 10^{-11}$	$4.3997 \cdot 10^{-11}$
Factorization	$6.8837 \cdot 10^{-11}$	$5.0336 \cdot 10^{-11}$	$7.6056 \cdot 10^{-11}$
Backward Bordering	$2.5919 \cdot 19^{-9}$	$1.9568 \cdot 10^{-9}$	$2.9298 \cdot 10^{-9}$
Bordering	$3.7043 \cdot 10^{-9}$	$3.0840 \cdot 10^{-9}$	$5.0435 \cdot 10^{-9}$

The backward bordering method used here is essentially the bordering method which inverts successively the right lower blocks of A starting with a_{nn} rather than the left upper blocks starting with a_{11}, as in the case of the original bordering method. The system function ⌹ has been recently implemented experimentally in APL/360 (e.g. [5]) and it uses HOUSEHOLDER transformations (e.g. [2], [4]). All the calculations were carried out in APL/360 at the I. P. Sharp Ass. Ltd. The results in the above tables are rounded to five significant figures.

The GAUSS-bordering method gives generally best numerical results if partial positioning for size (e.g. [7]) is used in its forward part. The method is of recursive nature and therefore it is easy to program on computer. (The authors' program in APL consists of only seven lines.) Since the method has the storage requirements of only about n^2, it is also suitable for inverting large matrices.

References

1 FADDEEV, D. K. and FADDEEVA, V. N., Computational Methods of Linear Algebra, Freeman, San Francisco, 1963.
2 GOLUB, G. H. and BUSINGER, P. A., Linear least squares solutions by Householder transformations, Numerische Mathematik 7 (1965).
3 GREGORY, R. T. and KARNEY, D. L., A Collection of Matrices for Testing Computational Algorithms, Wiley-Interscience, New York, 1969.
4 HOUSEHOLDER, A. S., The Theory of Matrices in Numerical Analysis, Blaisdell, New York, 1964.
5 JENKINS, M. A., The solution of linear systems of equations and linear least squares problem in APL, IBM Techn. Report No. 320–2989, New York Scientific Center (1970).
6 STIEFEL, E. L., An Introduction to Numerical Analysis, Academic Press, New York, 1966.
7 ZIELKE, G., Numerische Berechnung von benachbarten inversen Matrizen und linearen Gleichungssystemen, Vieweg, 1970.

Eingereicht am 11. 1. 1973
(revid. Fassung: 26. 7. 1973)

Anschriften: S. ZLOBEC, Asst. Prof., Department of Mathematics, McGill University, P. O. Box 6070, Montreal 101, Quebec, Canada
M. W. K. CHAN, Royal Trust Company, Montreal, Quebec, Canada

ZAMM 54, 279 – 281 (1974)

J. L. BANSAL

On the Temperature Distribution in a Plane Jet

1. Introduction

It is well known that the boundary layer assumptions are not only applicable to regions near a solid wall, but can also be applied when two layers of fluid with different velocities meet [1]. One such example is the jet mixing when a fluid is discharged through an orifice and mixes with the surrounding fluid which is at rest. The velocity distribution in a laminar incompressible plane jet was obtained by SCHLICHTING [2] and BICKLEY [3] and the corresponding temperature distribution, neglecting the heat due to dissipation, has been given by YIH [4]. The details of which may also be found in LOITSIANSKI [5].

In the present note we have extended the solution of YIH [4] to include the heat generated due to friction. A similar solution of the energy equation is being tried. The resulting ordinary linear differential equation has an exact solution when PRANDTL number is unity, while for other values of the PRANDTL number the equation has been solved by the method of successive approximations and results up to second approximation have been obtained. It is suggested that for fluids having PRANDTL number near unity the first approximation may be used to a sufficient degree of accuracy.

2. Governing equations

Let an incompressible fluid be discharged through a narrow slit in a wall and then mix with the same surrounding fluid which is at rest and has a temperature T_∞. Taking the origin in the slit and the coordinate axes x and y along the axis of the jet and normal to it respectively, the boundary layer equations are [1]:

$$\frac{\partial u}{\partial x} + \frac{\partial v}{\partial y} = 0\,, \tag{2.1}$$

$$u\,\frac{\partial u}{\partial x} + v\,\frac{\partial u}{\partial y} = v\,\frac{\partial^2 u}{\partial y^2}\,, \tag{2.2}$$

$$u\,\frac{\partial \theta}{\partial x} + v\,\frac{\partial \theta}{\partial y} = \frac{\nu}{\sigma}\,\frac{\partial^2 \theta}{\partial y^2} + \frac{\nu}{c_p\,T_\infty}\left(\frac{\partial u}{\partial y}\right)^2, \tag{2.3}$$

where

$$\theta = \frac{T - T_\infty}{T_\infty}\,, \qquad \sigma = \frac{\mu\,c_p}{\varkappa} \quad \text{(PRANDTL number)}\,, \tag{2.4}$$

and the other symbols have their usual meanings.

The boundary conditions are

$$\begin{aligned} y = 0:\ & \frac{\partial u}{\partial y} = 0\,, \quad v = 0\,; \quad \frac{\partial \theta}{\partial y} = 0\,, \\ y = \pm\infty:\ & u = 0\,; \quad \theta = 0\,. \end{aligned} \tag{2.5}$$

Besides these boundary conditions the following integral conditions should also be satisfied:

$$\int_{-\infty}^{+\infty} \varrho\,u^2\,dy = \text{const} = J_0\ \text{(say)}\,, \tag{2.6}$$

and

$$\frac{d}{dx}\int_{-\infty}^{+\infty} \theta\,u\,dy = \frac{\nu}{c_p\,T_\infty}\int_{-\infty}^{\infty}\left(\frac{\partial u}{\partial y}\right)^2 dy\,. \tag{2.7}$$

The condition (2.6) is the known momentum conservation law and may also be deduced from equation (2.2), with the help of (2.1), by integrating it with respect to y between the limits $-\infty$ to $+\infty$. In a similar manner the condition (2.7) is obtained from the energy equation (2.3).

3. Analysis

It is clear that the velocity field is independent of the temperature field so that the two flow equations (2.1), (2.2) can be solved first and the results may then be employed to determine the temperature field. An exact solution of the velocity distribution may be found in SCHLICHTING [1] and the results, which we shall require, are as follows:

$$u = 6\,\nu\,\alpha^2\,x^{-1/3}\,\text{sech}^2\,\eta\,,$$

$$v = 2\,\alpha\,\nu\,x^{-2/3}\,(2\,\eta\,\text{sech}^2\,\eta - \tanh\eta)\,,$$

$$\eta = \alpha\,y\,x^{-2/3}\,,$$

where

$$\alpha = \left(\frac{J_0}{48\,\varrho\,\nu^2}\right)^{1/3}. \tag{3.1}$$

The integral condition (2.7), may now be written as

$$\int_{-\infty}^{+\infty} \theta\,u\,dy = -\,3\,\beta\,x^{-1/3} + \text{const}\,, \tag{3.2}$$

where

$$\beta = \frac{192}{5}\,\frac{\nu^3\,\alpha^5}{c_p\,T_\infty}\,. \tag{3.3}$$

In view of the condition (3.2), it is convenient to represent the general solution of the energy equation (2.3) by the superposition of two solutions of the form

$$\theta = \theta_1 + \theta_2 , \tag{3.4}$$

where θ_1 is the solution neglecting the term due to dissipation and θ_2, a particular solution taking the frictional heat into account.

Therefore, θ_1 satisfies the equation

$$u \frac{\partial \theta_1}{\partial x} + v \frac{\partial \theta_1}{\partial y} = \frac{\nu}{\sigma} \frac{\partial^2 \theta_1}{\partial y^2} , \tag{3.5}$$

with the boundary conditions

$$y = 0 : \frac{\partial \theta_1}{\partial y} = 0 ; \quad y = \pm \infty : \theta_1 = 0 , \tag{3.6}$$

and the integral condition

$$\int_{-\infty}^{+\infty} \theta_1 u \, dy = \text{const} = \frac{H_0}{T_\infty} (\text{say}) . \tag{3.7}$$

The solution of the above equation has already been obtained by YIH [4], the details of which may also be found in LOITSIANSKI [5], and the result is as follows:

$$\theta_1 = \frac{C H_0}{T_\infty} \left(\frac{\varrho}{\nu J_0 x} \right)^{1/3} \operatorname{sech}^{2\sigma} \eta , \tag{3.8}$$

where

$$C = (36)^{-1/3} \left(\int_0^{+\infty} \operatorname{sech}^{2+2\sigma} \eta \, d\eta \right)^{-1} . \tag{3.9}$$

The first factor in (3.9) is correctly reported here, which is misprinted as $3\,\sigma^{-1/3}$ in [5], p. 320.

Thus we have to determine the solution of θ_2 which satisfies the differential equation

$$u \frac{\partial \theta_2}{\partial x} + v \frac{\partial \theta_2}{\partial y} = \frac{\nu}{\sigma} \frac{\partial^2 \theta_2}{\partial y^2} + \frac{\nu}{c_p T_\infty} \left(\frac{\partial u}{\partial y} \right)^2 , \tag{3.10}$$

with the boundary conditions

$$y = 0 : \frac{\partial \theta_2}{\partial y} = 0 ; \quad y = \pm \infty : \theta_2 = 0 , \tag{3.11}$$

and the integral condition

$$\int_{-\infty}^{+\infty} \theta_2 u \, dy = - 3 \beta x^{-1/3} . \tag{3.12}$$

A similar solution of the equation (3.10) is possible, if we take θ_2 of the form

$$\theta_2 = - \frac{15}{32 \nu \alpha} \beta x^{-2/3} \varphi(\eta) , \tag{3.13}$$

in that case it reduces to an ordinary linear differential equation of the second order, viz.,

$$\varphi'' + 2 \sigma \tanh \eta \, \varphi' + 4 \sigma \operatorname{sech}^2 \eta \, \varphi = 8 \sigma \operatorname{sech}^4 \eta \tanh^2 \eta , \tag{3.14}$$

with the boundary conditions

$$\eta = 0 : \varphi' = 0 ; \quad \eta = \pm \infty : \varphi = 0 , \tag{3.15}$$

and the integral condition

$$\int_{-\infty}^{+\infty} \varphi \operatorname{sech}^2 \eta \, d\eta = 16/15 , \tag{3.16}$$

where a prime denotes differentiation with respect to η.

It can be easily verified that when $\sigma = 1$,

$$\varphi = \operatorname{sech}^4 \eta , \tag{3.17}$$

is an exact solution of the equation (3.14). However, when σ is not unity a solution in the closed form does not seem to exist. In such a case we write the equation as

$$\varphi'' + 4 \sigma \tanh \eta \, \varphi' + 4 \sigma \operatorname{sech}^2 \eta \, \varphi = 2 \sigma \tanh \eta \, \varphi' + 8 \sigma \operatorname{sech}^4 \eta \tanh^2 \eta , \tag{3.18}$$

and integrating once, we get

$$\varphi' + 4 \sigma \tanh \eta \, \varphi = 2 \sigma \int_0^{\eta} (\varphi' + 4 \operatorname{sech}^4 \eta \tanh \eta) \tanh \eta \, d\eta . \tag{3.19}$$

Let

$$\varphi' + 4 \operatorname{sech}^4 \eta \tanh \eta = \psi(\eta) , \tag{3.20}$$

then (3.19) reduces to

$$\varphi' + 4 \sigma \tanh \eta \, \varphi = 2 \sigma \int_0^{\eta} \psi(\eta) \tanh \eta \, d\eta , \tag{3.21}$$

where, in view of (3.15), $\psi(0) = 0$.

We shall now apply the method of successive approximations.

First approximation

Substituting the value of $\psi(\eta)$ at $\eta = 0$ in the right hand side of equation (3.21) and on integrating, we find

$$\varphi = C_0 \operatorname{sech}^{4\sigma} \eta , \tag{3.22}$$

where C_0 is given by the condition (3.16) as

$$C_0 = \frac{8}{15} \left(\int_0^{+\infty} \operatorname{sech}^{2+4\sigma} \eta \, d\eta \right)^{-1} . \tag{3.23}$$

Second approximation

From equations (3.20) and (3.22), we have

$$\psi(\eta) = - 4 \sigma C_0 \operatorname{sech}^{4\sigma} \eta \tanh \eta + 4 \operatorname{sech}^4 \eta \tanh \eta . \tag{3.23}$$

Substituting this value of $\psi(\eta)$ in equation (3.21) and on integrating, the second approximation is given by

$$\varphi = C_1 \operatorname{sech}^{4\sigma} \eta + \frac{8\sigma}{15} \operatorname{sech}^{4\sigma} \eta \int_0^{\eta} (5 \tanh^3 \eta - 3 \tanh^5 \eta) \times \cosh^{4\sigma} \eta \, d\eta - 8 \sigma^2 C_0 \operatorname{sech}^{4\sigma} \eta \int_0^{\eta} \left(\int_0^{\eta} \operatorname{sech}^{4\sigma} \eta \tanh^2 \eta \, d\eta \right) \cosh^{4\sigma} \eta \, d\eta , \tag{3.24}$$

where C_1 is to be obtained from the condition (3.16).

In a similar manner higher approximations may be obtained but the analysis becomes increasingly complicated. However, it may be noted that for $\sigma = 1$ all second and higher approximations reduce to the first approximation which is the same as the exact solution given in equation (3.17). Also, when $\sigma = 1/2$ the first approximation gives

$$\varphi = 0.8 \operatorname{sech}^2 \eta , \tag{3.25}$$

whereas from the second approximation, we find

$$\varphi = 0.768 \operatorname{sech}^2 \eta - \frac{2}{5} (\tanh^2 \eta + \ln \operatorname{sech}^2 \eta) \operatorname{sech}^2 \eta . \tag{3.26}$$

These two are compared in Fig. 1 and it is found that near the axis the values of the first approximation are not more than 4% in error to that of the second. Thus we conclude that the first approximation may be used to a sufficient degree of accuracy for fluids having PRANDTL number near unity, e.g. $\sigma = 0.72$ for air, which has practical importance. Hence, for such fluids the temperature distri-

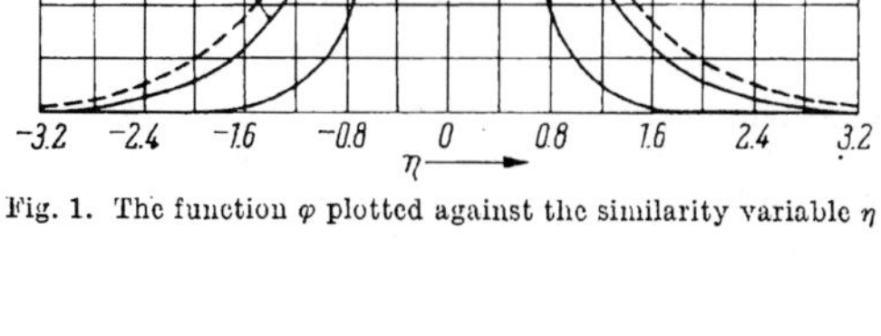

Fig. 1. The function φ plotted against the similarity variable η

bution, taking frictional heat into accout, is finally given by

$$T - T_\infty = C\,H_0 \left(\frac{\varrho}{\nu J_0}\right)^{1/3} x^{-1/3}\,\mathrm{sech}^{2\sigma}\,\eta - \frac{36\,x^{-2/3}}{2\,c_p}\,\nu^2\,\alpha^4\,C_0\,\sec^{4\sigma}\eta\,, \qquad (3.27)$$

where C and C_0 are given by equations (3.9) and (3.23) respectively.

Moreover, the expression in (3.27) reduces to the well known temperature velocity relation

$$T - T_\infty = \text{const}\;u - \frac{u^2}{2\,c_p}\,, \qquad (3.28)$$

when $\sigma = 1$ (SCHLICHTING [1], p. 315).

References

1 SCHLICHTING, H., Boundary Layer Theory, McGraw-Hill, 1968.
2 SCHLICHTING, H., Laminare Strahlenausbreitung, ZAMM 13, 260–263 (1933).
3 BICKLEY, W., The plane jet. Phil. Mag. Ser. 7, 23, 727–731 (1939).
4 YIH, C. S., Journal of Appl. Mech. 17, 381–382 (1950).
5 LOITSIANSKI, L. G., Laminare Grenzschichten, Akademie-Verlag, Berlin 1967.

Eingereicht am 7. 4. 1973

Anschrift: Dr. J. L. BANSAL, Reader, Department of Mathematics, University of Jodhpur, Jodhpur, India

ZAMM 54, 281–282 (1974)

LE ROY F. HENDERSON

Theorem on Entropy Production on Either Side of Shock Branching

1. Introduction

Shock branching is a well known phenomenon in supersonic flow. It is found for example in shock-boundary layer interaction which was first studied systematically by ACKERET, FELDMANN, and ROTT [1]. Later on it was shown to be present at the trailing edges of aerofoils in the classic experiments of LIEPMANN [2]. It is also found in MACH reflection which was first systematically studied in the experiments of LEAN [3], and later by BARDSLEY and MAIR [4], KAWAMURA and SAITO [5] and many others. The multishock variety of supersonic intakes also display it, as was found by OSWATITSCH [6] and others. In all these wave systems there is a single shock meeting a pair of censecutive shocks, Figure 1, which means that there are three waves meeting at a point. The theory of the wave confluence has been extensively developed, EGGINK [7], GUDERLEY [8], WUEST [9], WECKEN [10], STERNBERG [11], SICHEL [12],

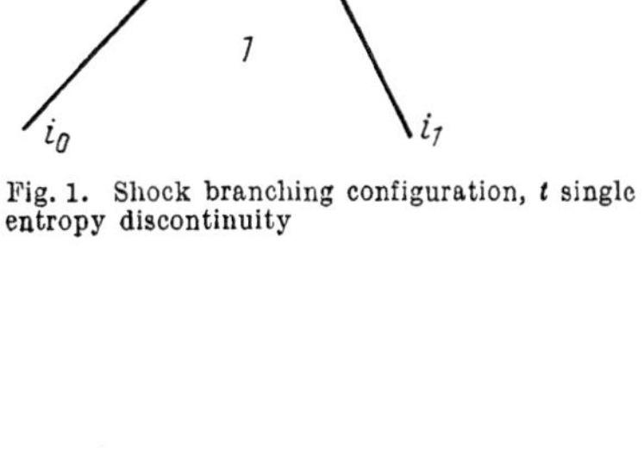

Fig. 1. Shock branching configuration, t single shock; $i_{0,1}$ shock pair, ss entropy discontinuity

HENDERSON [13], and MÖLDER [14]. In what follows we shall assume that the shocks are in a perfect gas of specific heat ratio γ, that the MACH number is the same upstream of the single shock t and the first of the pair of shocks $i_{0,1}$ and that the pressure ratio across t, namely P_t/P_0 is the same as that across both $i_{0,1}$, so that

$$\frac{P_t}{P_0} = \frac{P_1}{P_0}\,\frac{P_2}{P_1}\,. \qquad (1)$$

We shall also assume that the MACH number M_1 downstream if i_0 is the same as that upstream of i_1.

It is evident that the flow which passes through the wave t will in general be subjected to a different entropy change than the flow which passes through both $i_{0,1}$. We shall prove that the entropy production for unit mass and time $\dot S_0 + \dot S_1$ for the shock pair will never be greater than that for the single shock $\dot S_t$

$$\dot S_0 + \dot S_1 \leqq \dot S_t\,. \qquad (2)$$

Apparently this important fact has not previously been demonstrated in the literature.

2. Nature of the stationary value

It is convenient to start with a related problem of how to minimize the production of entropy across a system of n consecutive shock waves. This problem was first discussed by OSWATITSCH [6]. In his system the MACH number downstream of one wave was equal to the MACH number upstream of the following wave. He also imposed the restriction that the final wave should be a normal shock. We drop this restriction but retain his method to find a stationary value for the entropy production $\dot S_0 + \dot S_1$ of only two consecutive shocks with prescribed (γ, M_0, P_2/P_0). We make use of the OSWATITSCH variables

$$x \equiv 1 + \frac{\gamma - 1}{2} M^2\,,\quad y \equiv 1 + \frac{\gamma - 1}{2} M^2 \sin^2\omega\,,$$

$$f \equiv \frac{y - 1}{\mu^2 y}\,,\quad g \equiv \frac{\mu^2}{ky - 1}\,, \qquad (3)$$

where

$$\mu^2 \equiv \frac{\gamma - 1}{\gamma + 1}\,,\quad k \equiv \frac{4\gamma}{(\gamma + 1)^2}$$

and where ω is the shock wave angle. The entropy production caused by a shock can be written in terms of the total pressure ratio $P_{T\,i+1}/P_{T\,i}$ across the shock and the above variables

$$\Delta \dot S_i = -R \ln P_{T\,i+1}/P_{T\,i} = \frac{-R}{\gamma - 1}(\gamma \ln f_i + \ln g_i)\,, \qquad (4)$$

where R is the gas constant. Thus it will be sufficient to find the condition for P_{T_2}/P_{T_0} to have a stationary value in order that $\dot S_0 + \dot S_1$ should have one. From (1) and (3) we can write

$$g_t^{-1} = P_t/P_0 = (P_1/P_0)\,(P_2/P_1) = g_0^{-1}\,g_1^{-1} = \text{constant} \qquad (5)$$

while the condition relating the MACH number upstream and downstream of the shocks has been given by OSWATITSCH in the neat form

$$X_{i+1} = X_i f_i g_i\,,\qquad i = 0, 1\,. \qquad (6)$$

Equations (5) and (6) are the constraints on the stationary value. Then introducing LAGRANGEan multipliers λ_i

$$Q \equiv \gamma\,(\ln f_0 + \ln f_1) + \lambda_1(x_1 - x_0 f_0 g_0) + \lambda_2(x_2 - x_1 f_1 g_1)\,, \quad (7)$$

where Q has been simplified with the help of (5). On taking partial derivatives and equating to zero one gets after a calculation that $y_0 = y_1$ and therefore by (3)

$$f_0 = f_1\,,\qquad g_0 = g_1 \qquad (8)$$

and therefore also

$$P_{T_1}/P_{T_0} = P_{T_2}/P_{T_1}\,,\qquad \dot S_0 = \dot S_1\,. \qquad (9)$$

OSWATITSCH did not publish proof that he stationary value that he found for the entropy production was a minimum. He was content to state the result and omit the lengthy calculation needed for the proof. In the present problem there are only two consecutive waves and a simple proof can be given. First of all we note that

$$P_{T_2}/P_{T_0} = (f_0 f_1)^{\frac{\gamma}{\alpha-1}} (g_0 g_1)^{\frac{1}{\gamma-1}} \tag{10}$$

and since by (5) $g_0 g_1 =$ constant it will be sufficient to find the nature of the stationary value for $f_0 f_1$ when $f_0 = f_1$. Consider the function

$$F = f_0 f_1 \tag{11}$$

which viewed as a geometric surface is a hyperbolic paraboloid. The constraint imposed by the stationary value gives the parabola $F = f_0^2 = f_1^2$. Now if f_0 and f_1 are taken as perpendicular axes in a horizontal plane and F is in the positive vertical direction then the condition $f_0 = f_1$ will define a particular vertical plane. We consider the intersection that a vertical plane normal to this one makes with the surface. It is easily verified that (11) can be transformed to coordinates in the plane by means of

$$f_0 = \left(\frac{1}{2} c - \frac{f}{\sqrt{2}}\right), \quad f_1 = \left(\frac{1}{2} c + \frac{f}{\sqrt{2}}\right), \tag{12}$$

where f is the abscissa in the new plane and c is a positive constant that has to be determined from the data. Then (11) becomes

$$F = \left(\frac{1}{2} c\right)^2 - f^2 \tag{13}$$

which is an inverted parabola with its maximum value at $f = 0$ that is where $f_0 = f_1 = f_m$. It follows that the stationary value of P_{T_2}/P_{T_0} is a maximum and therefore by (4) that the entropy production $\dot{S}_0 + \dot{S}_1$ is a minimum.

Another method of proof is to note the convexity and the symmetry of (11) and to form the mean $\frac{1}{2}(f_0 + f_1)$ then by the theorem of the arithmetic and geometric means we have

$$\frac{1}{2}(f_0 + f_1) \geqq \sqrt{f_0 f_1}, \tag{14}$$

where the equality applies when $f_0 = f_1$ in which case the product is a maximum and the sum is a minimum. This technique has also been applied to the OSWATITSCH problem [15].

3. Proof of the Theorem

Theorem: *The entropy production of two consecutive shock waves is never greater than that of a single shock wave with the same upstream Mach number, ratio of specific heats, and overall pressure ratio* $(M_0, \gamma, P_2/P_0 = P_t/P_0)$.

Proof: The theorem amount to asserting that

$$F = f_0 f_1 \geqq f_t . \tag{15}$$

The range of physical significance of $f_{0,1,t}$ varies from $f_j = 1$ which occurs when the normal component of the MACH number M_n upstream of the shock is unity to $f = (\gamma + 1)/(\gamma - 1)$ when $M_n = \infty$ so that $1 \leqq f_j \leqq (\gamma + 1)/(\gamma - 1)$ for $1 \leqq M_n \leqq \infty$. At the $f_j = 1$ end point a shock is a MACH line degeneracy. Evidently the equality condition $f_0 f_1 = f_t$ in (15) is only possible when at least one of $i_{0,1}$ is degenerate. If both are degenerate then so also is t. Now

$$dF = f_1\, df_0 + f_0\, df_1 \tag{16}$$

and with $f_0 < f_1$ we need only show that F increases monotonically from $f_0 = 1$ to the maximum condition at $f_0 = f_m$. To do this it will be sufficient to show that $dF > 0$ when $df_0 > 0$. If this can be done then the theorem is proved because the other case with $f_1 < f_0$ would follow from the symmetry of the problem. Put another way we desire to show that F increases monotonically from either end point $f_0 = 1$ or $f_1 = 1$ to its maximum value at $f_0 = f_1 = f_m$. Then it will be sufficient to show that

$$\frac{df_0}{f_0} + \frac{df_1}{f_1} \geqq 0 \quad \text{with} \quad f_0 < f_1 \quad df_0 > 0 . \tag{17}$$

Now from (3) and (5)

$$g_t = \text{constant} = g_0 g_1 = \frac{1 - \mu^2 f_0}{f_0 - \mu^2} \cdot \frac{1 - \mu^2 f_1}{f_1 - \mu^2} . \tag{18}$$

Differentiating implicitly we obtain after a short calculation

$$(\nu^2 - (f_0 + f_0^{-1}))^{-1} \frac{df_0}{f_0} + (\nu^2 - (f_1 + f_0^{-1}))^{-1} \frac{df_1}{f_1} = 0 , \tag{19}$$

where $\nu^2 \equiv \frac{\gamma^2 + 1}{\gamma^2 - 1}$. Within the range of physical significance of f, $1 \leqq f \leqq \mu^{-2}$, the function $(f + f^{-1})$ has its least value at the end poind $f = 1$, and it increases monotonically throught the range reaching its maximum value at the other end point $f = \mu^{-2}$, where $(f + f^{-1}) = \nu^2$. Therefore within this range the coefficients of (19) are always positive and with $f_0 < f_1$ they are always such that $f_1 + f_1^{-1} \geqq f_0 + f_0^{-1}$ and so

$$0 \leqq \left[\frac{\nu^2 - (f_0 + f_0^{-1})}{\nu^2 - (f_1 + f_0^{-1})}\right]^{-1} \leqq 1 . \tag{20}$$

Hence (15) follows from (17), (19) and (20) and therefore the entropy production can always be reduced by replacing a single shock with two non-degenerate consecutive shocks with the same constraints.

If one or more of the pair of waves $i_{0,1}$ are themselves replaced by two consecutive shocks with the same constraints as their antecedents then by induction $\dot{S}$ will be further reduced. If in turn the shocks in the secondary pairs are replaced in the same way and the process continued indefinitely then isentropic conditions will be ultimately obtained.

Remark about an alternative proof: Another method of proof is to make use of the properties of the HUGONIOT adiabatics [16]. While in this way it is easy to prove the theorem for a reflected shock of vanishingly small intensity, the calculation become very involved for a reflected shock of arbitrary strength.

References

1 ACKERET, J., FELDMANN, F. and ROTT, N., Untersuchungen an Verdichtungsstößen und Grenzschichten in schnell bewegten Gasen, 10 ETH Zürich (1946), See also NACA TM 1113 (1947).
2 LIEPMANN, H. W., The Interaction between Boundary Layer and Shock Waves in Transonic Flow, J. Aerospace Sci. 13, p. 623 (1946).
3 LEAN, G. H., Report Aeronautical Research Council No. 7495 and No. 10629, London (1943.
4 BARDSLEY, O. and MAIR, W. A., The Interaction between an Oblique Shock Wave and a Turbulent Boundary Layer, Phil. Mag. 42, p. 39 (1951).
5 KAWAMURA, R. and SAITO, H., Reflextion of Shock Waves —1 Pseudo Stationary Case, J. Phys. Soc. of Japan, Vol. II, p. 584 (1956).
6 OSWATITSCH, K., Der Druckrückgewinn bei hohen Überschallgeschwindigkeiten (Der Wirkungsgrad von Stoßdiffusoren) Forsch. u. Entw. HWA, Bericht Nr. 1005, Göttingen (1944), See also NACA TM 1140 (1947).
7 EGGINK, H., Über Verdichtungsstosse bei abgelöster Strömung, Zentralstelle Wissenschaftliche Berichte (Z.W.B.) 1850, Aachen 1943.
8 GUDERLEY, K. G., Considerations on the Structure of Mixed Subsonic-Supersonic Flow Patterns, Technical Report F-TR-2168-ND, Headquarters Air Materiel Command, Wright Field, Dayton, Ohio 1947.
9 WUEST, W., Zur Theorie des gegabelten Verdichtungsstoßes, ZAMM 28, p. 63 (1948).
10 WECKEN, F., Grenzlagen gegabelter Verdichtungsstoßes, ZAMM 29, p. 147 (1959).
11 STERNBERG, J., Triple-Shock-Wave Intersections, Phys. of Fluids 2, p. 179 (1959).
12 SICHEL, M., Structure of Weak Non-Hugoniot Shocks, Phys. of Fluids 6, p. 653 (1963).
13 HENDERSON, L. F., On the Confluence of Three Shock Waves in a Per-Gas, Aeronautical Quarterly XV, p. 181 (1964).
14 MÖLDER, S., Reflection of Curved Shock Waves in Steady Supersonic Flow, C.A.S.I. Transactions 2, p. 73 (1971).
15 HENDERSON, L. F., The Theorem of the Arithemetic and Geometric Meams and Its Applications to a Problem in Gas Dynamics, ZAMP 16, p. 788 (1965).
13 LANDAU, L. D. and LIFSHITZ, E. M., Fluid Mechanics (Pergamon Press 1959).

Eingereicht am 13. 6. 1973

Anschrift: LE ROY F. HENDERSON, Department of Aerospace and Mechanical Science Princeton University, Princeton N.J. 08540, USA

ZAMM 54, 283 – 284 (1974)

N. K. Thakare

Some Dual Series Equations Involving Jacobi Polynomials

1. Introduction

Dual series equations in which the kernels involve Bessel functions, trigonometric functions, Legendre functions, and Jacobi polynomials arise in solutions of different types of mixed boundary value problems in potential theory. Noble [6] considered a pair of dual equations involving Jacobi polynomials $F_n(\alpha, \beta; x)$ of the same indices. These polynomials $F_n(\alpha, \beta; x)$ are to be found in early editions of Magnus and Oberhettinger [5] and are orthogonal with respect to the weight function $(1-x)^{\alpha-\beta} x^{\beta-1}$ in the interval (0, 1) (see [1]). Szegö [9] later on standardised the notation $P_n^{(\alpha,\beta)}(x)$ for the Jacobi polynomials. Srivastav [8] solved the dual series equations with these Jacobi polynomials as kernels by using the method in which the solution involves a Fredholm equation of the second kind.

Askey [2] remarks "There are two formulas that I know connecting Jacobi polynomials of one index with Jacobi polynomials of a different index by means of a fractional integral but they cannot be used to solve dual equations". He implicitly implied that the dual series equations involving Jacobi polynomials of different indices cannot be solved. In this paper we show that it is possible to solve such dual series equations. The method we use is a modification of Noble's multiplying factor technique.

2. The problem

We shall solve the dual series equations

$$\sum_{n=0}^{\infty} \frac{A_n P_n^{(\alpha,\beta)}(x)}{(\beta+1)_n \Gamma(\alpha-\mu+n+1)} = f(x), \quad -1 \leqq x < y \quad (1)$$

$$\sum_{n=0}^{\infty} \frac{A_n P_n^{(\alpha+\beta-\delta,\delta)}(x)}{(\alpha+\beta-\delta+1)_n \Gamma(\beta+\mu+n+1)} = g(x), \quad y < x \leqq 1 \quad (2)$$

where $f(x)$ and $g(x)$ are prescribed functions and

$\delta-\mu-\beta > 0,\ a > -1,\ \beta > -1,\ \delta > -1$

and

$\alpha+\beta-\delta > -1$.

3. List of known results

For the sake of the ready reference we list the following results, which will be required in the course of our investigation.

(i) The orthogonal property of Jacobi polynomials [7]

$$\int_{-1}^{1} P_n^{(\alpha,\beta)}(x) P_m^{(\alpha,\beta)}(x) (1-x)^\alpha (1+x)^\beta dx = \frac{2^{\alpha+\beta+1} \Gamma(n+\alpha+1) \Gamma(n+\beta+1) \delta_n^m}{(2n+\alpha+\beta+1) \Gamma(n+1) \Gamma(n+\alpha+\beta+1)}, \quad (3)$$

where δ_n^m is Kronecker's delta, and $\alpha > -1$, $\beta > -1$.

(ii) The values of the Jacobi polynomials with arguments + 1 and − 1 respectively [7]

$$P_n^{(\alpha,\beta)}(-1) = \frac{(-1)^n (1+\beta)_n}{n!}, \quad (4)$$

$$P_n^{(\alpha,\beta)}(1) = \frac{(1+\alpha)_n}{n!}. \quad (5)$$

(iii) The following results of Bateman [4], the forms of which are as given by Askey and Fitch [3] in their paper which was dedicated to Szegö on his 75th birthday

$$\int_{-1}^{x} (1+y)^\beta \frac{P_n^{(\alpha,\beta)}(y)}{P_n^{(\alpha,\beta)}(-1)} (x-y)^{\mu-1} dy = \frac{\Gamma(\beta+1)\Gamma(\mu)}{\Gamma(\beta+\mu+1)} (1+x)^{\beta+\mu} \frac{P_n^{(\alpha-\mu,\beta+\mu)}(x)}{P_n^{(\alpha-\mu,\beta+\mu)}(-1)}; \quad (6)$$

$$\int_{x}^{1} (1-y)^\alpha \frac{P_n^{(\alpha,\beta)}(y)}{P_n^{(\alpha,\beta)}(1)} (y-x)^{\mu-1} dy = \frac{\Gamma(\mu)\Gamma(\alpha+1)}{\Gamma(\alpha+\mu+1)} (1-x)^{\alpha+\mu} \frac{P_n^{(\alpha+\mu,\beta-\mu)}(x)}{P_n^{(\alpha+\mu,\beta-\mu)}(1)}, \quad (7)$$

where $\mu > 0$ and $-1 > x$; $y > 1$ and $\alpha-\mu > -1$, $\beta-\mu > -1$.

4. Investigation of the problem

In view of (4) we shall rewrite (1) as

$$\sum_{n=0}^{\infty} \frac{A_n (-1)^n P_n^{(\alpha,\beta)}(x)}{\Gamma(\alpha-\mu+n+1)\, n!\, P_n^{(\alpha,\beta)}(-1)} = f(x).$$

Multiply both the sides by $(1+x)^\beta (\xi-x)^{\mu-1}$ and integrate with respect to x over the interval $(-1, \xi)$. By using (6) we then get

$$\sum_{n=0}^{\infty} \frac{(-1)^n A_n \Gamma(\beta+1)\Gamma(\mu)(1+\xi)^{\beta+\mu} P_n^{(\alpha-\mu,\beta+\mu)}(\xi)}{\Gamma(\alpha-\mu+n+1)\, n!\, \Gamma(\beta+\mu+1) P_n^{(\alpha-\mu,\beta+\mu)}(-1)} = \int_{-1}^{\xi} (1+x)^\beta (\xi-x)^{\mu-1} f(x)\, dx.$$

Using (4) we can write this as

$$\sum_{n=0}^{\infty} \frac{A_n P_n^{(\alpha-\mu,\beta+\mu)}(\xi)}{\Gamma(\alpha-\mu+n+1)\Gamma(\beta+\mu+n+1)} = \frac{(1+\xi)^{-\beta-\mu} F^*(\xi)}{\Gamma(\beta+1)\Gamma(\mu)}, \quad (8)$$

where

$$F^*(\xi) = \int_{-1}^{\xi} (1+x)^\beta (\xi-x)^{\mu-1} f(x)\, dx;$$

and

$\mu > 0$, $\alpha-\mu > -1$, $-1 < \xi < y$.

Now similarly rewrite (2) by using the result (5) in the form

$$\sum_{n=0}^{\infty} \frac{A_n P_n^{(\alpha+\beta-\delta,\delta)}(x)}{\Gamma(\beta+\mu+n+1)\, n!\, P_n^{(\alpha+\beta-\delta,\delta)}(1)} = g(x).$$

Multiply both the sides of this by $(1-x)^{\alpha+\beta-\delta}(x-\xi)^{\delta-\mu-\beta-1}$ and integrate with respect to x over the interval $(\xi, 1)$. If we use (7) then we have

$$\sum_{n=0}^{\infty} \frac{A_n (1-\xi)^{\alpha-\mu} P_n^{(\alpha-\mu,\beta+\mu)}(\xi) \Gamma(\alpha+\beta-\delta+1)\Gamma(\delta-\mu-\beta)}{\Gamma(\beta+\mu+n+1)\, n!\, P_n^{(\alpha-\mu,\beta+\mu)}(1) \Gamma(\alpha-\mu+1)} = G^*(\xi),$$

where

$$G^*(\xi) = \int_{\xi}^{1} (1-x)^{\alpha+\beta-\delta} (x-\xi)^{\delta-\mu-\beta-1} g(x)\, dx,$$

$\delta-\mu-\beta > 0$, $\alpha+\beta-\delta > -1$, and $y < \xi < 1$.

Hence application of the result (5) leads us to

$$\sum_{n=0}^{\infty} \frac{A_n P_n^{(\alpha-\mu,\beta+\mu)}(\xi)}{\Gamma(\beta+\mu+n+1)\Gamma(\alpha-\mu+n+1)} = \frac{(1-\xi)^{\mu-\alpha} G^*(\xi)}{\Gamma(\alpha+\beta-\delta+1)\Gamma(\delta-\mu-\beta)}, \quad (9)$$

where

$\alpha-\mu > 0$, $\delta-\mu-\beta > 0$ and $y < \xi < 1$.

The left hand sides of both (8) and (9) are now identical. Hence using the orthogonality relation (3) of the Jacobi polynomials we get the solution of the equations (1) and (2) in the form

$$A_n = B(\alpha,\beta,n)\left[\frac{1}{\Gamma(\beta+1)\,\Gamma(\mu)}\int_{-1}^{y}(1-\xi)^{\alpha-\mu}F^*(\xi)\times\right.$$

$$\times P_n^{(\alpha-\mu,\beta+\mu)}(\xi)\,d\xi + \frac{1}{\Gamma(\alpha+\beta-\delta+1)\,\Gamma(\delta-\mu-\beta)}\times$$

$$\left.\times\int_{y}^{1}(1+\xi)^{\beta+\mu}G^*(\xi)\,P_n^{(\alpha-\mu,\beta+\mu)}(\xi)\,d\xi\right],$$

where $-1 \leqq x < y$, and $y < x \leqq 1$,

$$B(\alpha,\beta,n) = \frac{(2n+\alpha+\beta+1)\,\Gamma(\alpha+\beta+n+1)\,n!}{2^{\alpha+\beta+1}},$$

$$F^*(\xi) = \int_{-1}^{\xi}(1+x)^{\beta}(\xi-x)^{\mu-1}f(x)\,dx,$$

and

$$G^*(\xi) = \int_{\xi}^{1}(1-x)^{\alpha+\beta-\delta}(x-\xi)^{\delta-\mu-\beta-1}g(x)\,dx;$$

with $f(x)$ and $g(x)$ the prescribed functions and

$\delta-\mu-\beta > 0,\ \alpha > -1,\ \beta > -1,\ \delta > -1.$

5. Remarks

In (2) if we put $\delta = \beta$ we get the dual series equations considered by SRIVASTAV [8] up to the difference of a constant multiple. It can be seen that the solutions we have obtained are valid under rather different conditions than those of SRIVASTAV.

Acknowledgement

I am extremely grateful to Dr. B. R. BHONSLE for his kind guidance in the preparation of this paper.

References

1 ABRAMOWITZ, M. and STEGUN, I., Handbook of Mathematical functions etc. etc., Dover publ. (1965), p. 774.
2 ASKEY, R., Dual equations and classical orthogonal polynomials, Jour. Math. Anal. Appl., 24, pp. 677–685 (1968).
3 ASKEY, R. and FITCH, J., Integral representations for Jacobi polynomials and some applications, Ibid., 26, pp. 411–437 (1969).
4 BATEMAN, H., The solution of linear differential equations by means of definite integrals, Trans. Cambridge Phil. Soc. 21, pp. 171–196 (1909).
5 MAGNUS, W. and OBERHETTINGER, F., Formulas and theorems for the special functions of Mathematical Physics, Chelsea, N.Y., (1949).
6 NOBLE, B., Some dual series equations involving Jacobi polynomials, Proc. Cambridge Phil. Soc. 59, pp. 363–371 (1963).
7 RAINVILLE, E. D., Special functions, MacMillan (1967).
8 SRIVASTAV, R. P., Dual series relations IV: Dual relations involving Jacobi polynomials, Proc. Royal Soc. Edinburgh, sectt A 66, pp. 185–191 (1964).
9 SZEGÖ, G., Orthogonal polynomials, Amer. Math. Colloquim Publ. no. 23, (1959), revised edition.

Eingereicht am 17. 6. 1973

Anschrift: Dr. N. K. THAKARE, Department of Mathematics, Shivaji University, Kolhapur (Maharashtra), India 416004

ZAMM 54, 284–286 (1974)

I. POP

On the Hydromagnetic Flow due to an Impulsive Rotating Disk

Beginning with the famous VON KÁRMÁN rotating disk problem [1] numerous publications have been carried out in elaborate detail for various geometrical configurations of flow due to a rotating disk. The present study is concerned with the flow due to the impulsive rotation of an infinite disk immersed in a viscous, incompressible and electrically conducting fluid in the presence af a uniform axial magnetic field.

Consider the flow induced by the rotation of an infinite disk ($z = 0$) in an electrically conducting, incompressible, viscous fluid in the presence of a uniform axial magnetic field H_0. We suppose the disk to be electrically insulated and to start rotating impulsively (at $t = 0$) from rest into a steady rotation with angular velocity ω, so that the initial and boundary conditions are

$$\begin{aligned} &t = 0: \quad u = v = w = 0 \quad \text{everywhere},\\ &t > 0: \quad u = 0\,,\quad v = r\,\omega\,,\quad w = 0 \quad \text{at} \quad z = 0\,,\\ &\qquad u, v \to 0 \qquad\qquad \text{as} \quad z \to \infty\,. \end{aligned} \tag{1}$$

Assuming that the VON KÁRMÁN radial dependence is valid for this unsteady magnetohydrodynamic flow we consider the components of the velocity profile in the form

$$\begin{aligned} &u(r,z,t) = r\,\omega\,F(\eta,\tau)\,,\quad v(r,z,t) = r\,\omega\,G(\eta,\tau)\,,\\ &w(z,t) = \sqrt{\gamma\,\omega}\,H(\eta,\tau)\,,\quad \eta = (\omega/\nu)^{1/2}\,z\,,\quad \tau = \omega\,t\,. \end{aligned} \tag{2}$$

Substitution of (2) into the basic magnetohydrodynamic equations [2] leads to the following set of non-linear differential equations

$$\begin{aligned} &F_\tau' + F^2 + H\,F_\eta' - G^2 + N\,F = F_{\eta\eta}''\,,\\ &G_\tau' + 2\,F\,G + H\,G_\eta' + N\,G = G_{\eta\eta}\,,\\ &2\,F + H_\eta' = 0\,, \end{aligned} \tag{3}$$

where $N = \sigma\,B_0^2/\varrho\,\omega$ is the hydromagnetic parameter. By virtue of the relationships (2) the initial and boundary conditions are equivalent to

$$\begin{aligned} &\tau = 0: \quad F = G = H = 0 \quad \text{everywhere},\\ &\tau > 0: \quad F = 0\,,\quad G = 1 \quad \text{at} \quad \eta = 0\,,\\ &\qquad F, G \to 0 \qquad \text{as} \quad \eta \to \infty\,. \end{aligned} \tag{4}$$

We look for an approximate solution of (3) assuming that F, G and $\partial G/\partial\eta$ are zero at a finite distance $\delta(\tau)$ from the disk. Therefore, the last conditions from (4) become

$$F = G = 0,\quad \frac{\partial G}{\partial \eta} = 0 \quad \text{at} \quad \eta = \delta\,. \tag{5}$$

For solving the Eqs. (3) we use the approximate method of averaging [3], [4]. Thus, we have

$$\begin{aligned} &\frac{1}{\delta}\int_0^\delta (F_\tau' + F^2 + H\,F_\eta' - G^2 + N\,F)\,d\eta = A(\tau)\,,\\ &\frac{1}{\delta}\int_0^\delta (G_\tau' + 2\,F\,G + H\,G_\eta' + N\,G)\,d\eta = B(\tau)\,, \end{aligned} \tag{6}$$

and (3) gives us

$$F_{\eta\eta}'' = A(\tau)\,,\quad G_{\eta\eta}'' = B(\tau)\,, \tag{7}$$

so that

$$\begin{aligned} &F(\eta,\tau) = \frac{1}{2}\,A(\tau)\,[\eta^2 - \eta\,\delta(\tau)]\,,\quad G(\eta,\tau) = \frac{1}{\delta^2(\tau)}\,[\eta - \delta(\tau)]^2\,,\\ &H(\eta,\tau) = -\,A(\tau)\left[\frac{1}{3}\,\eta - \frac{1}{2}\,\delta(\tau)\right]\eta^2\,, \end{aligned} \tag{8}$$

on using the boundary conditions (4) and (5), and the third equation from (3). After substitution of (8) into (6) and making the integration, we obtain, for $\delta(\tau)$ and $A(\tau)$, the equations

$$\begin{aligned} &\frac{1}{40}\,A^2\,\delta^4 - \frac{1}{12}\,(A' + A\,N)\,\delta^2 - \frac{1}{4}\,A\,\delta\,\delta' - A = \frac{1}{5}\,,\\ &-\frac{1}{10}\,A\,\delta^4 + \frac{1}{3}\,N\,\delta^2 + \frac{1}{3}\,\delta\,\delta' = 2\,, \end{aligned} \tag{9}$$

where now the primes denote differentiation with respect to τ. We seek the solution of (9) in series in τ

$$\delta(\tau) = \sum_{n=1}^{\infty} \alpha_n\,\tau^{n/2}\,,\quad A(\tau) = \sum_{n=0}^{\infty} \beta_n\,\tau^n\,, \tag{10}$$

where α_n and β_n are constants. From (9) and (10) we obtain for the determination of the unknown coefficents α_n and β_n an infinite algebraic system. The solution of the eight resulting equations are given by

$$\alpha_1 = \sqrt{12}\,,\ \alpha_3 = -\frac{1}{2}\alpha_1 N\,,\quad \alpha_5 = \alpha_1\left(\frac{6}{5}\beta_0 + \frac{5}{24}N^2\right),$$

$$\alpha_7 = -\alpha_1\left(\frac{1}{16}N^3 + \frac{9}{7}N\beta_0\right),$$

$$\beta_0 = -\frac{2}{25},\ \beta_1 = \frac{4}{7}\beta_0 N\,,\ \beta_2 = -\beta_0\left(\frac{8}{5}\beta_0 + \frac{4}{63}N^2\right), \tag{11}$$

$$\beta_3 = \beta_0\left(\frac{32}{55}\beta_0 N + \frac{4}{9}N^3\right).$$

It is to be noted that the series given in (10) with the coefficients (11) can be taken as the combination of two series, one with N as parameter and the other with coefficients of monotonically decreasing numbers. Since we assume $N < 1$ both the series are convergent.

The viscous boundary layer displacement thickness is given in dimensionless form as

$$\delta^*(\tau) = \left(\frac{\omega}{\nu}\right)^{1/2}\int_0^\delta \frac{v}{r\,\omega}\,dz = \frac{1}{3}\,\delta(\tau)\,, \tag{12}$$

Denoting T as the viscous torque of the portion of the infinite disk between $r = 0$ to $r = a$, the torque coefficient for the disk is

$$C_T\,R_e^{1/2} = \frac{-\,T\,R_e^{1/2}}{(1/2)\,\pi\,\varrho\,a^5\,\omega}$$

$$= -\frac{2\,\mu\,R_e^{1/2}}{\pi\,\varrho\,a^5\,\omega}\int_0^{2\pi}\int_0^a\left(\frac{\partial v}{\partial\eta}\right)_{z=0} r^2\,dr\,d\theta = \frac{2}{\delta(\tau)}, \tag{13}$$

where $R_e = a^2\,\omega/\nu$ is the REYNOLDS number. The minus sign in the definition of C_T makes it positive since viscous torque opposes the motion.

The velocity profiles, the viscous displacement thickness and the torque coefficient are shown in Figs. 1 to 5 for $\tau = 0.5$ and 1.5, and for a few representative values of N.

Figures 1 to 3 show that for constant values of τ, an increase in the magnetic field strength H_0 decrease the velocity components at any point of the fluid. This nature of the velocity is physically plausible since the applied magnetic field exters a retarding influence on the fluid motion. It is also seen from these three figures that with the increase in the value of time τ, the velocity components at any point increase. Further, Figs. 4 and 5 show that the displacement thickness is reduced by the increase of the applied magnetic field while the torque coefficient is increased. Since the values of the torque coefficient with an applied magnetic field are greater than VON KÁRMÁN's, we can conclude that the increase phenomena is greater with the increase of applied magnetic field.

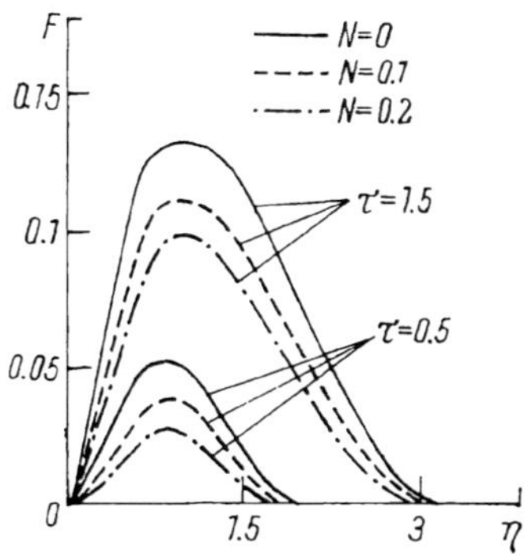

Fig. 1. Radial profiles

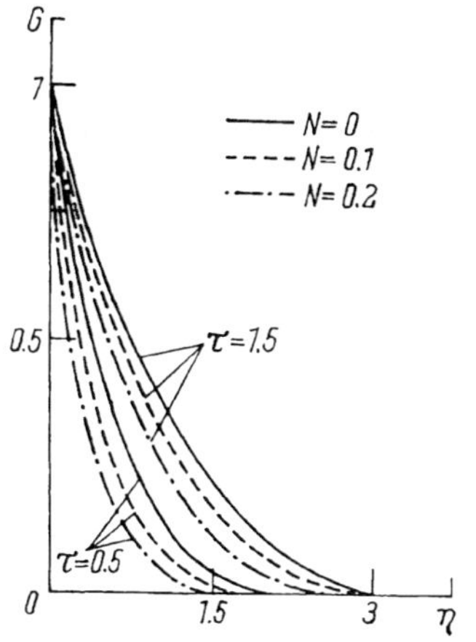

Fig. 2. Tangential profiles

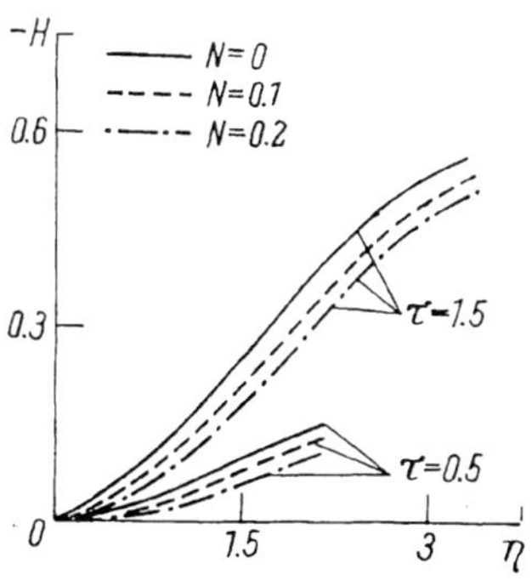

Fig. 3. Axial profiles

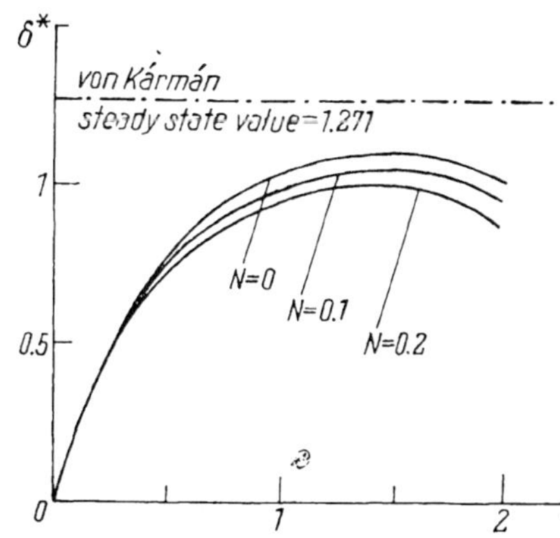

Fig. 4. Viscous displacement thickness

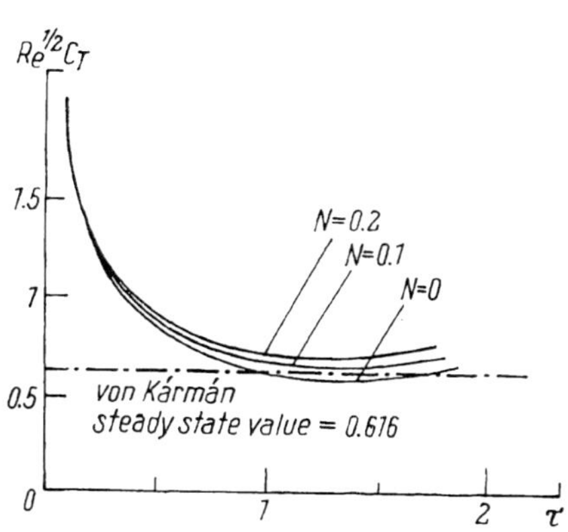

Fig. 5. Torque coefficient

Acknowledgments

I wish to express my sincere gratitude in more than a formal way to the ALEXANDER VON HUMBOLDT Foundation for a research fellowship at the Technical University of Hannover during the year 1973. The author also wishes to express his grateful thanks to Prof. I. TEIPEL for providing ideal conditions of research.

References

1 VON KÁRMÁN, TH., Über laminare und turbulente Reibung, ZAMM 1, 233–252 (1921).

2 POP, I., The Unsteady Hydromagnetic Flow due to a Rotating Disk, Rev. Roum. Math. Pures et Appl., **14**, 1173–1186 (1969).

3 Слезкин, Н. А., Тарг, С. М., Обобщение уравнения Рейнольдса, ДАН СССР н. с., **54**, 205–208 (1946).

4 Елшин, В. Ю., Неустановившееся тегения вблизи вращающегося диска, Вестник Московского Университета, №6, 105–109 (1970).

Eingereicht am 26. 6. 1973

Anschrift: Dr. IOAN POP, Faculty of Mathematics and Mechanics, University of Cluj, Cluj CP 109, Romania

BUCHBESPRECHUNGEN

F. Klein, Gesammelte mathematische Abhandlungen. In 3 Bänden. Herausg. Fricke, R.; Ostrowski, A. XXX + 2136 S. m. 1 Bildnis u. 323 Abb. Berlin/Heidelberg/New York 1973. Springer-Verlag. Preis geb. DM 210,–.

Im Rahmen der vom J. SPRINGER-Verlag in dankenswerter Weise betriebenen Wiederveröffentlichung der Werke der Klassiker der Mathematik sind jetzt die „Gesammelten Mathematischen Abhandlungen" von FELIX KLEIN (1849–1925) erschienen. KLEIN, der 1868 als Neunzehnjähriger mit einer beachtenswerten Dissertation in Bonn promovierte, gehört zu den bedeutenden Mathematikern, die am Ende des vorigen und am Anfang unseres Jahrhunderts vornehmlich von Göttingen aus das Gesicht der mathematischen Wissenschaft geprägt haben. Er selbst zeichnet sich dadurch aus, daß rein mathematisches Denken in hohem Maße von geometrischen Vorstellungen beherrscht wird, daß er auf die Verbindung von Mathematik und Naturwissenschaften größten Wert gelegt und den Fragen der mathematischen Ausbildung in den Schulen höchste Aufmerksamkeit geschenkt, ja sie in entscheidender Weise beeinflußt hat.

Die „Gesammelten Mathematischen Abhandlungen" sind noch von ihm selbst redigiert worden. Der erste Band, herausgegeben von R. FRICKE und A. OSTROWSKI, erschien 1921 und umfaßt die zahlreichen, vielfach grundlegenden Arbeiten zur *Liniengeometrie*, zur *Grundlegung der Geometrie* und *Zum Erlanger Programm*, in diesem Rahmen auch eine mathematische Stellungnahme zu EINSTEINS räumlich geschlossener Welt (Zylinderwelt) auf Grund einer 1917 von EINSTEIN veröffentlichen Note. — Der zweite Band, von R. FRICKE und H. VERMEIL herausgegeben und 1922 erschienen, enthält F. KLEINS Arbeiten über *Anschauliche Geometrie, Substitutionsgruppen und Gleichungstheorie* und *Zur Mathematischen Physik*. — Der dritte Band schließlich, von R. FRICKE, H. VERMEIL und E. BESSEL-HAGEN herausgegeben und 1923 erschienen, vereinigt die funktionentheoretischen Arbeiten von F. KLEIN, in *Elliptische Funktionen, insbesondere Modulfunktionen, Hyperelliptische und Abelsche Funktionen, Riemannsche Funktionentheorie* und *Automorphe Funktionen*, und bringt im Anhang chronologische Verzeichnisse seiner Veröffentlichungen, der von ihm betreuten Dissertationen usw.

In allen drei Bänden sind neben den Originalbeiträgen die ergänzenden Zusätze, mit denen F. KLEIN seine Arbeiten kommentiert und in das allgemeine mathematisch-wissenschaftliche Geschehen seiner Zeit und der Vergangenheit einordnet, von besonderem Interesse und in höchstem Maße lesenswert.

Dresden H. HEINRICH

J. G. Hayes (Ed.), Numerical Approximation to Functions and Data. VIII + 177 S. m. Fig. London 1970. The Athlone Press. Preis geb. 60 s. net.

Um die auf Spezialtagungen vorgetragenen Ergebnisse einem breiten Interessentenkreis möglichst schnell zugänglich zu machen, geht man immer mehr dazu über, die Tagungsvorträge als Buch zusammenzufassen und zu veröffentlichen. So erschienen auf dem Gebiet der Approximationstheorie 1969 bis 1971 eine ganze Reihe von Tagungsberichten in Buchform wie z. B. „Approximation Theory" (herausgegeben von A. TALBOT), „Abstrakte Räume und Approximation" (herausgegeben von P. L. BUTZER und B. SZ.-NAGY), „Numerische Methoden der Approximationstheorie, Bd. 1" (herausgegeben von L. COLLATZ und G. MEINARDUS) sowie der zu besprechende Band.

Während die beiden zuerst genannten Berichte einen Überblick über mehr theoretische Aspekte der Approximationstheorie, die gegenwärtig untersucht werden, vermitteln, stellen die Berichte der in Canterbury durchgeführten Konferenz zwei wichtige praktische Anwendungsgebiete in den Vordergrund: die Approximation von Funktionen einer reellen Veränderlichen sowie die Bestimmung von Ausgleichskurven. Besonders betont werden praktische Gesichtspunkte. Auf Schwierigkeiten, die bei Anwendung bekannter Verfahren auftreten können, wird hingewiesen sowie eine Illustrierung an entsprechenden Beispielen gegeben.

Nach einer Einführung von L. Fox und allgemeineren Betrachtungen von C. W. CLENSHAW findet man die folgenden speziellen Beiträge: C. W. CLENSHAW: The Polynomial and Rational Approximation of a Function of one Variable; A. R. CURTIS: The Approximation of a Function of one Variable by Cubic Splines; J. G. HAYES: Curve Fitting by Polynomials in one Variable; M. J. D. POWELL: Curve Fitting by Splines in one Variable; J. G. HAYES: Fitting Data in More Than one Variable; J. A. PAYNE: An Automatic Curve-Fitting Package; K. PARKER: Experience with Cubic Splines in the Graduation of Neutron Cross-Section Data; J. B. PARKER: Methods of Graduating Heterogeneous Data; I. BARRODALE and A. YOUNG: Computational Experience in Solving Linear Operator Equations Using the CHEBYSHEV Norm; J. MEINGUET: Optimal Approximation and Interpolation in Normed Spaces.

Die Tagungsberichte finden eine interessante Abrundung durch den originellen Beitrag von P. J. DAVIS: Apprixomation Theory — Yesterday, Today and Tomorrow.

Dresden H. MÜHLIG

H. G. Garnir, M. De Wilde, J. Schmets, Analyse fonctionnelle. Tome I. (Mathematische Reihe, Band 36). X + 562 S. Basel/Stuttgart 1968. Birkhäuser Verlag. Preis geb. sfr. 98,–.

In dem vorliegenden dreibändigen Werk über Funktionalanalysis wird eine konstruktive Theorie linearer lokalkonvexer Räume entwickelt.

Dabei enthält der erste Band (Kapitel I–III) die allgemeine Theorie, der zweite Band (Kapitel IV) Maß und Integrationstheorie im EUKLIDischen Raum und der dritte Band (Kapitel V) eine Theorie der häufig benutzten Funktionenräume über Teilmengen des EUKLIDischen Raumes.

Als Ausgangspunkt wählen die Verfasser im ersten Band ein (filtrierendes und separierendes) System von Seminormen und die zugehörigen Semikugeln. Ihre Betrachtungsweise ist überwiegend analytisch; die notwendigen Begriffe der allgemeinen Topologie werden mit Hilfe dieser Seminormen eingeführt. Das macht die Darstellung nach Meinung des Referenten auch für den Anfänger einfach und leicht zugänglich. Dieser Vorzug gegenüber anderen Darstellungen wird auch durch die bereits erwähnte konstruktive Betrachtungsweise unterstrichen:

Die Verfasser verzichten auf die Benutzung des Auswahlaxioms. Infolgedessen entfallen einige allgemeine Resultate (Existenz der HAMELbasis, der Ultrafilter), andere können nur für separable Räume (HAHN-BANACH-Theorem und seine Folgerungen) oder für Räume mit einem „höchstens abzählbaren System von Seminormen" (KREIN-MILMAN-Theorem im Anhang zu Band III) bewiesen werden. Dafür enthält das Werk eine Fülle von Resultaten über die in den Anwendungen der Funktionalanalysis wichtigen Räume.

Der erste Band besteht aus folgenden Teilen: Lineare Räume mit Halbnormen (einführende Betrachtungen zu linearen Räumen, ausführliche Darstellung der Kompaktheitsbegriffe, spezielle Räume — BAIREsche, tonnelierte, bornologische, SCHWARTZsche Räume, induktiver Limes), Dual eines linearen Raumes mit Halbnormen (u. a. Sätze von HAHN-BANACH, MACKEY, BANACH-DIEUDONNE und KREIN-SCHMULJAN, nukleare Räume, bilineare Funktionale und Tensorprodukte, multiplikative Funktionale auf kommutativen BANACHalgebren und Realisierungssatz von GELFAND), Operatoren in linearen Räumen mit Halbnormen (u. a. Satz vom abgeschlossenem Operator, Satz von BANACH-STEINHAUS, Räume beschränkter Operatoren, Spektraltheorie beschränkter und kompakter Operatoren).

Die Darstellung ist stets klar und übersichtlich. Viele Übungsaufgaben mit ausführlichen Lösungshinweisen sind im fortlaufenden Text enthalten. Deshalb ist das Buch in hervorragender Weise zum Selbststudium geeignet. Aber auch der Spezialist wird auf Grund der Fülle des gebotenen und für die Anwendungen wichtigen Materials gern zur Hand nehmen. Die Bibliographie beschränkt sich auf die Angabe von Lehrbüchern und Monographien. Vielleicht wären insbesondere für den Anfänger einige historische Bemerkungen wünschenswert.

Insgesamt gesehen bildet der vorliegende erste Band dieser Funktionalanalysis nach Meinung des Referenten eine ausgezeichnete inhaltsreiche und leicht zugängliche Darstellung der wesentlichen Teile der Theorie der lokalkonvexen Räume.

Radebeul H. LANGER

H. G. Garnir, M. De Wilde, J. Schmets, Analyse fonctionnelle, Tome II. Mesure et intégration dans l'espace Euclidien E_n. 288 S. (Mathematische Reihe, Band 37). Basel/Stuttgart 1972. Birkhäuser Verlag. Preis geb. DM 53,—.

Der zweite Band des vorliegenden dreiteiligen Werkes (siehe vorangehende und folgende Besprechung) enthält eine Maß- und Integrationstheorie auf dem EUKLIDischen Raum E_n.

Es wird also keine allgemeine Maßtheorie entwickelt, wie sie z. B. die Wahrscheinlichkeitstheorie benötigt, sondern die Verfasser beschränken sich auf diejenigen konkreten Teile, die für die Funktionalanalysis, insbesondere für die Einführung der Funktionenräume über dem E_n, eine wesentliche Rolle spielen. Ausgehend von einem (komplexwertigen, endlichadditiven, stetigen) Maß (endlicher Totalvariation) auf allen Intervallen (d. h. achsenparallelen Quadern) einer offenen Teilmenge von E_n führen die Verfasser über Treppenfunktionen das Integral ein. In den folgenden Abschnitten (BORELfunktionen und BORELmengen, Produktmaß, Beziehungen zwischen Maßen) wird die Theorie ausgebaut und in den letzten beiden Abschnitten auf Funktionen mit Werten in einem linearen Raum mit Seminormen erweitert. Das für den behandelten konkreten Fall äußerst reichhaltige Material wurde ausgewählt im Hinblick auf den nachfolgend besprochenen dritten Band des Werkes. Für die Art der Darstellung trifft das in der vorangehenden Besprechung Gesagte vollinhaltlich zu.

Radebeul H. LANGER

H. G. Garnir/M. De Wilde et J. Schmets, Analyse fonctionnelle. Tome III: Espaces fonctionnels usuels (Mathematische Reihe, Band 45). 375 S. Basel/Stuttgart 1973. Birkhäuser Verlag. Preis geb. sfr. 96,—.

Der dritte Band dieser Monographie (siehe auch die beiden vorangehenden Besprechungen) enthält die Theorie der in den Anwendungen der Funktionalanalysis häufig auftretenden konkreten linearen Räumen über Teilmengen des EUKLIDischen Raumes E_n. Die einzelnen Abschnitte behandeln Folgenräume, Räume meßbarer Funktionen, Räume stetiger Funktionen, Räume von Maßen, Räume differenzierbarer Funktionen, Distributionen, Räume analytischer Funktionen; darunter nehmen die Distributionen eine gewisse zentrale Stellung ein. Die Eleganz, mit der sich nach den Vorbereitungen im ersten Band ihre wichtigen Eigenschaften beweisen lassen, zeigt die Tragweite der dort entwickelten allgemeinen Theorie. — Im Kapitel über stetige Funktionen werden auch der Satz von RIESZ über die Darstellbarkeit linearer Funktionale auf Räumen stetiger Funktionen und die Existenz des HAARschen Maßes für lokalkompakte Gruppen (aus dem E_n) bewiesen. Ein Anhang enthält den Satz von KREIN-MILMAN, als Anwendungen werden aus ihm in Übungsaufgaben mit ausführlichen Lösungshinweisen der Approximationssatz von STONE-WEIERSTRASS, der Satz von BOCHNER für positiv definite Distributionen und der Satz von BERNSTEIN für absolut positive Funktionen hergeleitet. Die Darstellung ist wie bei den beiden vorangehenden Bänden klar und verständlich. Der Ref. hält das vorliegende dreibändige Werk für eine ausgezeichnete Einführung für die in den Anwendungen benötigten Begriffe und Ergebnisse der Funktionalanalysis, aber auch der Funktionalanalytiker selbst wird es wegen der Fülle der enthaltenen Fakten gern zur Hand nehmen.

Radebeul H. LANGER

Systemprogrammierung. Vorträge einer Fachtagung der IBM Deutschland. Beihefte zur Zeitschrift „Elektronische Rechenanlagen". 155 S. m. 59 Abb. München/Wien 1972. R. Oldenbourg Verlag. Preis geb. DM 34,—.

Die Systemprogrammierung ist gegenwärtig eines der wichtigsten Gebiete in der Entwicklung der Datenverarbeitung. Deshalb ist es zu begrüßen, daß Vorträge einer Fachtagung zu diesem Thema schnell veröffentlicht werden, besonders wenn sie von so guter Qualität sind.

Das vorliegende Buch gibt Studenten und auch Praktikern einen guten Einblick in die Probleme der Systemprogrammierung. Die von namhaften Fachleuten gehaltenen Vorträge können natürlich, und das ist verständlich, nur eine Übersicht geben. Die meisten Abschnitte sind jedoch durch umfangreiche Literaturangaben ergänzt.

Eine Reihe von Beiträgen beschäftigt sich mit der Planung, Beschreibung und Testung von Systemprogrammen. Vieles scheint selbstverständlich zu sein, und doch wissen wir aus der Erfahrung, daß die Ankündigung von neuen Programmsystemen häufig zu früh erfolgt, daß der Zeitaufwand für die Austestung eines Systems und die Herstellung der Dokumentation immer wieder unterschätzt wird.

Recht interessant ist eine Übersicht über Modelle für Teilnehmer-Systeme. Dabei wird diskutiert, wie den Benutzern der Zugriff zu den Betriebsmitteln gewährt werden sollte. Analytisch hergeleitete Aussagen führen zum Vergleich mehrerer Planungsalgorithmen.

Ein anderer Beitrag beschäftigt sich mit der automatischen Erstellung von Sprachübersetzern. Es wird ein ausgezeichneter Überblick über die Struktur von Compilern und den prinzipiellen Aufbau der Compiler-Compiler gegeben. Am Ende des Abschnitts versucht der Autor anzugeben, welche Gebiete TWS-Forscher (TWS: translator writing system) nicht bearbeiten sollten und welche Arbeitsgebiete zur Bearbeitung zu empfehlen wären. Zu einzelnen der geäußerten Ansichten dürfte es auch andere Auffassungen geben.

Der Beitrag „Maßnahmen zur Verminderung der Unterschiede zwischen einem beabsichtigten Algorithmus und seiner Realisierung durch ein Programm" weist auf ein Problem hin, das sicher in den nächsten Jahren noch vielfältig untersucht wird.

Vorträge über Benutzeranforderungen an künftige Betriebssysteme und über Entwicklungstendenzen in der Systemprogrammierung runden das Buch ab, das dem Leser viele Anregungen gibt und zum Nachdenken herausfordert.

Dresden J. BORMANN

M. Denis-Papin/G. Cullmann, Übungsaufgaben zur Informationstheorie. 200 S. m. 38 Bildern. Berlin 1972. Akademie-Verlag. Preis brosch. 16,80 M.

Bei dem vorliegenden Buch handelt es sich um eine im Akademie-Verlag Berlin erschienene, vom Verlag FRIEDRICH

VIEWEG & Sohn Braunschweig genehmigte Lizenzausgabe; diese wiederum ist die Übersetzung der aus dem Jahre 1966 stammenden französischen Originalausgabe „Exercises de calcul informationnel avec leurs solutions".

Der Titel der vorliegenden deutschsprachigen Ausgabe läßt noch weniger vom Inhalt erkennen als der Titel der französischen Originalausgabe; zu den nachfolgend genannten Gebieten werden nämlich kurze Stoffdarstellungen gebracht, Beispiele vollständig durchgerechnet, Übungsaufgaben formuliert und deren Lösungen angegeben: Zahlensysteme und Kombinatorik, Wahrscheinlichkeitsrechnung, Statistik, Informationstheorie, Fehler erkennende und Fehler korrigierende Codes. Das Buch enthält außerdem — neben einem gegenüber der französischen Originalausgabe ergänzten Schrifttumsverzeichnis und einer kurzen Liste statistischer Tafeln — einen 50-seitigen Anhang (Anhang 1: Bedingungen für die exakte Darstellung einer Zahl $N_t < 1$ in einem System mit der Basis d; Anhang 2: Codierung numerischer Information — Die wichtigsten Codes; Anhang 3: Codes, die besonderen Erfordernissen entsprechen; Anhang 4: Vektoren und Matrizen — Der n-dimensionale Vektorraum; Anhang 5: Auszüge aus Tafeln, insbesondere zur Binomial-, POISSON- und Normalverteilung und für Logarithmen zur Basis 2).

Zu den einzelnen Kapiteln:

Das Kapitel 1 „Zahlensysteme und Kombinatorik" ist sehr ausführlich geschrieben und gut gegliedert; einen besonderen Schwerpunkt bilden Zahldarstellungen und Umrechnungen dieser bei Wechsel der Basis.

Im Kapitel 2 „Wahrscheinlichkeitsrechnung" werden die Grundlagen dieser Disziplin (bis zur BAYES'schen Formel) und der Begriff der (diskreten) Zufallsgröße behandelt. In dem Bemühen um eine recht anschauliche Darstellung entstanden hier auch Formulierungen, die dem Referenten nicht sonderlich gefielen (z. B. hinsichtlich des Gesetzes der großen Zahlen); außerdem zeigen die Übungsaufgaben nur wenig von der Anwendungsbreite der Wahrscheinlichkeitsrechnung. Das Kapitel 3 „Statistik" hat Methoden der beschreibenden Statistik und eine Behandlung einiger wichtiger Wahrscheinlichkeitsverteilungen zum Inhalt; die Grundaufgaben der mathematischen Statistik (Punkt- und Bereichsschätzungen, Testen von Hypothesen) werden dabei nur ganz kurz gestreift. Das Kernstück des Buches bilden ohne Zweifel die Kapitel 4 und 5. Im Kapitel 4 „Informationstheorie" werden Probleme der Abzählung der verschiedenen möglichen Nachrichten behandelt, es werden die Entropie (eines Versuches mit endlich vielen Ausgängen) und verwandte Begriffe definiert, deren Eigenschaften hergeleitet und an Hand von Beispielen und Übungsaufgaben illustriert, schließlich werden Fragen im Zusammenhang mit der Codierung und Übertragung der Information behandelt. Im Kapitel 5 „Fehler erkennende und Fehler korrigierende Codes" werden nach allgemeinen Bemerkungen zur Codierung insbesondere lineare Codes, zyklische binäre Codes und verkettete Codes behandelt, wobei jeweils auf das Problem der Fehlererkennung und Fehlerkorrektur eingegangen wird und die dargestellten Methoden an Hand von Beispielen und Übungsaufgaben demonstriert werden.

Das vorliegende Buch geht also über den Rahmen einer Aufgabensammlung zur (elementaren) Informationstheorie hinaus. Da es neben Übungsaufgaben auch den zur Bearbeitung dieser Aufgaben nötigen mathematischen Stoff genügend ausführlich enthält und insgesamt recht gut lesbar und übersichtlich gegliedert ist, dürfte es sich besonders auch für Studierende niedriger Semester, die sich mit Problemen der Informationsverarbeitung befassen, als fachliche Informationsquelle eignen, zumal an mathematischen Vorkenntnissen nur wenig in Anspruch genommen wird.

Dresden G. MAIBAUM

I. A. Kitow, Programmierung und Bearbeitung großer Informationsmengen. Übers. a. d. Russ. 257 S. m. 27 Abb. Leipzig 1972. B. G. Teubner Verlagsgesellschaft. Preis geb. 24,— M.

Bei der Beurteilung der Monographie ist zu berücksichtigen, daß sie 1967 erschienen ist, voraussichtlich also 1965 geschrieben wurde.

Die Einführung (ein Drittel des Buches) enthält Grundbegriffe der Kybernetik und Schaltalgebra sowie einen Einblick in den Aufbau und die Programmierung von digitalen Rechenanlagen. Die Darstellung ist auf wortorganisierte Rechenautomaten (MINSK 2) zugeschnitten und entspricht an einzelnen Stellen nicht mehr den heutigen Anforderungen.

In dem zweiten Abschnitt wird ALGOL 60 behandelt und anschließend zu ALGEM erweitert. Der Autor erläutert geschickt die in BACKUS-NAUR-Form definierten syntaktischen Einheiten des ALGOL-Berichtes und verzichtet auf eine weitere methodische Aufbereitung. Leider sind in der Syntax-Definition Druckfehler enthalten (z. B. Kette, Laufliste). Schwerwiegender sind sachliche Fehler (z. B. bei der Erläuterung der Abarbeitung der Ergibtanweisung S. 106, falsche Verwendung des Wortes Funktionsprozedur S. 117), die wahrscheinlich auf Übersetzungsfehler zurückzuführen sind. Auch sollte an Stelle des Wortes Zusammenstellung der üblichen Terminus Verkettung verwendet werden. Überhaupt wäre in einigen Fällen eine etwas freiere Übersetzung vorzuziehen. Die Erweiterung von ALGOL 60 besteht in der Einführung von Kettenvariablen (Stringvariable), Ketten, Kettenausdrücken (ohne daß Operationen zwischen Ketten definiert werden), Verbundvariablen (sie entsprechen etwa den Strukturvariablen in PL/1), Verbundfeldern und Ergänzungen der Typenvereinbarungen um Formatangaben (FORTRAN-ähnlich).

Der letzte Abschnitt gibt einen guten Einblick in einige Probleme der Listentechnik. Es werden zunächst der Aufbau und die Arbeit mit seriellen, kettenartigen, nestartigen und knotenartigen Listen (gemeint sind einfache, verkettete und verzweigte Listen) erklärt. Hierbei werden Formeln für die jeweils benötigte Anzahl von Operationen angegeben und teilweise auch Zugriffswahrscheinlichkeiten in die Betrachtungen einbezogen. Danach folgen Überlegungen über Möglichkeiten der Speicherorganisation. Zum Abschluß wird ALGEM um die syntaktischen Begriffe Adresse, Zelleninhalt und Listenvereinbarung erweitert. Einige ALGEM-Programme runden die Darstellung ab.

Es ist schade, daß mit der Übersetzung keine Überarbeitung des Buches erfolgte. Zumindest hätte das Literaturverzeichnis auf den neuesten Stand gebracht werden müssen.

Dresden J. BORMANN

F. J. Lockett, Nonlinear Viscoelastic Solids. XI + 195 S. m. Fig. London/New York 1972. Academic Press. Preis geb. £ 4.4.

Die steigende Verwendung von Plastwerkstoffen auch für tragende Bauteile zwingt zu einer Intensivierung des Studiums ihrer mechanischen Eigenschaften und deren analytischen Erfassung, wobei auf Grund des sehr komplexen Materialverhaltens nichtlineare mathematische Theorien eine wichtige Rolle spielen. Den Hauptzweck seines Buches sieht der Verfasser in einer Darstellung des gegenwärtigen Standes der theoretischen Entwicklung im Hinblick auf eine praktisch anwendbare Beschreibung des realen Materialverhaltens und will damit zu einem „Brückenschlag" zwischen Theoretikern und Ingenieuren einen Beitrag leisten.

In einem einführenden Kapitel werden die Grundeigenschaften des Spektrums viskoelastischen Materialverhaltens zwischen den beiden Extremen des rein elastischen (Festkörper) und des rein viskosen (Flüssigkeit) Verhaltens betrachtet, wobei eine Abgrenzung der im Buch behandelten viskoelastischen Festkörper gegenüber den Flüssigkeiten und deren spezifischen Eigenschaften gegeben wird und das unterschiedliche Verhalten von Polymeren unter und oberhalb der Glas-Übergangstemperatur (Plaste bzw. Elastomere) erläutert wird.

In den beiden folgenden Kapiteln werden die Hauptergebnisse der „klassischen" linearen Viskoelastizitätstheorie behandelt, zunächst für den eindimensionalen, danach für den dreidimensionalen isotropen Fall. Die Betrachtung des anisotropen Falles beschränkt sich auf den Hinweis auf die unterschiedliche Zahl der unabhängigen Materialfunktionen im elastischen und im viskoelastischen Fall. Die zur Ermittlung der Materialfunktionen im linear isotropen Fall anwendbaren experimentellen Methoden werden erörtert, wobei die Notwendigkeit einer strengen Temperaturkontrolle betont wird. Der Einfluß der Temperatur wird für „thermorheologisch einfaches" Material betrachtet. Eine Zeit-Temperatur-Äquivalenz kann für viele Materialien als gute Annäherung angenommen werden.

Das anschließende Kapitel gibt die Hauptmerkmale der nichtlinearen Theorien. Nach einer kurz gefaßten Erörterung der Grundlagen und des Begriffes der „Objektivität" wird die allgemeine Stoffgleichung für isotropes Material in einer für die praktische Anwendung geeignet erscheinenden Integraldarstellung (LOCKETT) angegeben. Es folgt eine für eine beschränkte Klasse von Materialien anwendbare Differentialdarstellung (RIVLIN-ERICKSEN) und eine Betrachtung der nichtlinearen Elastizität als des einen Grenzfalles des viskoelastischen Materialverhaltens.

Der experimentellen Bestimmung der Materialeigenschaften auf der Grundlage der Darstellung des Stoffgesetzes als Integral-Polynom (GREEN-RIVLIN-Theorie) sind die beiden folgenden Kapitel gewidmet. Eine Möglichkeit der experimentellen Ermittlung stellen Mehrfach-Stufenversuche (Kriech- oder Relaxationsversuche) dar. Nachdem die unter Annahme eines dreigliedrigen Integralpolynoms zur Bestimmung der Materialfunktion erforderlichen Versuche bereits für den eindimensionalen Fall einen erheblichen Umfang annehmen, der ihre Anwendung auf wenige ausgewählte Materialien beschränkt, erscheint die Durchführung für den allgemeinen dreidimensionalen Fall praktisch unmöglich, abgesehen von den zusätzlichen Schwierigkeiten, die mit der Durchführung der erforderlichen 2- oder gar 3-achsigen Versuche verbunden sind. Die praktische Benutzung dieser Theorie dürfte sich daher auf speziellere Fälle des Materialverhaltens (inkompressible Materialen) und des Verformungs- oder Belastungszustandes (ebener Zustand) beschränken.

Angesichts der genannten Schwierigkeiten ist daher die Verwendung von nur aus einem Integral bestehenden Stoffgesetzen von besonderem Interesse. Sie wird in zwei anschließenden Kapiteln behandelt. Diskutiert werden insbesondere die mit dem Namen BERNSTEIN, KEARSLEY und ZUPAS verknüpften Theorien, weiterhin die auf eine von COLEMAN und NOLL aufgestellte Stoffbeziehung zurückgehende Theorie von LIANIS und deren Modifikationen. Ihre Übereinstimmung mit Versuchsergebnissen wird erörtert. Möglichkeiten eines mehr empirischen Herangehens an die Stoffbeziehungen werden in einem abschließenden Kapitel behandelt. Hier kann die von SCHAPERY eingeführte „reduzierte Zeit" vielleicht eine bedeutende Vereinfachung darstellen.

Das Buch wendet sich seiner Zielsetzung entsprechend an den Theoretiker, den experimentell tätigen Wissenschaftler und den mit der Anwendung von Plastwerkstoffen für tragende Konstruktionsteile konfrontierten wissenschaftlich tätigen Ingenieur. Es will zu einer engeren Zusammenarbeit zwischen diesen verschiedenen Disziplinen beitragen. Naturgemäß muß die Erörterung der verschiedenen nichtlinearen Theorien auf ihrer mathematischen Darstellung (unter vorzugsweiser Verwendung der Matrizenschreibweise) basieren. Diese ist knapp und übersichtlich gehalten und vermeidet längere Umformungen. Das Studium des Buches setzt eine gewisse Vertrautheit sowohl mit dem Stoffgebiet als auch mit der der gehobenen theoretischen Behandlung entsprechenden Darstellungsweise voraus. Das Buch vermittelt eine sehr gute Übersicht über die wesentlichen nichtlinearen Theorien der Viskoelastizität für isotropes Material und die Möglichkeiten ihrer experimentellen Quantifizierung.

Dresden G. BACKHAUS

J. Ackermann. Abtastregelung. XII + 391 S. m. 86 Abb. Berlin/Heidelberg/New York 1972. Springer-Verlag. Preis geb. DM 54,–.

Im Rahmen der Analyse von Abtastsystemen wird zunächst auf die Anwendung der z-Transformation eingegangen. Angeschlossen wird die Darstellung linearer Abtastsysteme im Zustandsraum, die einige zusätzliche Vorteile aufweist. Dabei wird die Steuerungs- und Beobachtungsnormalform behandelt, worauf Ausführungen über Mehrgrößensysteme und die Bestimmung des mathematischen Modells folgen. Erörtert wird ferner die Frage der Stabilität von geschlossenen Abtastsystemen, wobei notwendige und hinreichende Bedingungen angegeben und graphische Verfahren angeführt werden und lineare Systeme naturgemäß im Vordergrund stehen.

Breiter Raum ist der Frage des Aufbaus von Abtastregelungen und im Rahmen allgemeiner Entwurfsüberlegungen der Frage der günstigen Wahl der Abtastfrequenz gewidmet. Ferner wird die Synthese von Mehrgrößen-Regelungssystemen im Zustandsraum abgehandelt, wobei sich deren Vorteile gegenüber der Ein- Ausgangsbeschreibung durch mögliche Erweiterungen in der Anwendung ausdrücken. Betrachtet wird dann die Polfestlegung durch Zustandsvektor-Rückführung und die Schätzung des Zustandes aus meßbaren Ein- und Ausgangsgrößen. Abschließend wird die Optimierung nach einem quadratischen Kriterium angeführt.

Die hier gegebene Darstellung der Abtastregelung ist ganz modern aufgebaut, in der Stoffauswahl gut abgewogen und bemerkenswert klar abgefaßt. Dem potentiellen Anwender werden die auftretenden Probleme geschickt unterbreitet. Dabei wird nur ein relativ kleiner mathematischer Apparat benutzt, und es werden die Vorzüge der z-Transformation und der Zustandsbeschreibung voll zur Geltung gebracht.

Dresden H. KINDLER

G. Hauck. Äußere Ballistik. (Einführung in die Ballistik). 607 S. m. Abb. Berlin 1972. Militärverlag der DDR. Preis geb. 60,– M.

1960 begann der Militärverlag der DDR die Herausgabe seiner Reihe „Einführung in die Ballistik" mit dem Buch „Wahrscheinlichkeitsrechnung und das Problem der Geschoßstreuung" von W. WOLFF. Ihm folgten vom selben Autor die Bände „Innere Ballistik" und „Raketen und Raketenballistik". Das vorliegende Buch „Äußere Ballistik" wurde von G. HAUCK, einem Schüler von W. WOLFF, verfaßt und stellt wesentlich höhere Anforderungen an die mathematischen Vorkenntnisse des Lesers als die früheren Bände. Es besticht durch seinen methodischen Aufbau; Druckfehler sind kaum zu entdecken. Der Autor beschränkt sich in diesem, wie es im Vorwort heißt, einführenden Lehrbuch in die Äußere Ballistik auf Punktmassenmodelle. Die Bewegungen der Geschosse um ihren Schwerpunkt (Rotation und Pendelung) werden nicht behandelt. Auf die Kräfte und Momente, die auf das Geschoß einwirken, wird folglich nur oberflächlich eingegangen. Aus demselben Grund fehlen Kriterien für die Flugstabilität, die für den Geschoßkonstrukteur von eminenter Bedeutung sind. Nach anfänglichen Schwierigkeiten mit der Nomenklatur läßt sich das Buch leicht lesen und der mathematisch interessierte Ballistiker wird Freude an ihm haben. Dem in der Praxis Tätigen (Auswertung von Schießversuchen, Aufstellung von Schußtafeln, etc.) ist das Buch eine wertvolle Hilfe. Nach einer einleitenden Klassifizierung der physikalischen und mathematischen Bahnmodelle wird in Kapitel 2, wie in jedem einschlägigen Buch auf diesem Gebiet, die Vakuumballistik (parabolische Theorie der Geschoßbewegung) behandelt. Sie ist, da nahezu alle ballistischen Aufgaben geschlossen gelöst werden können, besonders geeignet, die Methodik der Aufstellung und der mathematischen Behandlung von Bahnmodellen einschließlich der Störungstheorie zu demonstrieren. Kapitel 3 befaßt sich mit der Erdatmosphäre und dem Luftwiderstand, wobei vor allem auf die sowjetische Literatur zurückgegriffen wird. In den Kapiteln 4 und 5 werden in übersichtlichem Aufbau und methodischer Art die Differentialgleichungen des Punktmassenmodells im lufterfüllten Raum in einer Reihe äquivalenter Darstellungen hergeleitet, ein Überblick über die allgemeinen Flugeigenschaften und analytische und numerische Lösungsverfahren angegeben. Besonderes Interesse wird dabei auch auf rasante Flugbahnen gelegt. Kapitel 6 gibt wohl die am systematischsten aufgebaute und vollständigste Darstellung der linearen ballistischen Störungsrechnung wieder, die bisher veröffentlicht wurde. Unumgänglich ist dabei, daß die letzten Abschnitte dieses Kapitels nur noch dem mathematisch versierten Leser verständlich sind. Durch Einschalten von Beispielen und durch die Tabellen des Anhangs wird jedoch auch dem Praktiker das gesamte Kapitel zu einer überaus wertvollen Hilfe. Das Kapitel 7 über die Aufstellung von Schußtafeln führt zur Praxis zurück und zeigt den Wert der ballistischen Störungsrechnung auf.

Zusammenfassend kann gesagt werden, daß dieses Buch einen wertvollen Beitrag zur Ergänzung und Erweiterung der Literatur auf dem Gebiet der Äußeren Ballistik darstellt. Es wäre wünschenswert, daß der wohl vorgesehene Band über die Pendeltheorie bald erscheint, um eine vollständige Übersicht über das Gesamtgebiet zu haben.

Weil am Rhein G. KRAUTH

Giacaglia, G. E. O. Perturbation Methods in Non-Linear Systems. IX + 369 S. Berlin/Heidelberg/New York 1972. Springer-Verlag. Preis brosch. DM 27,80.

Fragt man danach, welcher Leistung der bahnbrechende Beweis für die mathematische Beherrschbarkeit der Natur zu verdanken ist, so muß die Antwort lauten: der Himmelsmechanik und speziell ihrer Störungsrechnung. Eine so überragende wissenschaftshistorische Bedeutung konnte nur eine Theorie erlangen, die auch von tiefer mathematischer Relevanz ist. So verwundert es nicht, daß in vorliegendem Werk über Störungsmethoden bei nicht-linearen Systemen außer auf nichtlineare Oszillationen vornehmlich auf die himmelsmechanische Störungsrechnung Bezug genommen wird. Wie sich denken läßt, erweisen sich dabei die klassischen Ideen und Ergebnisse des vorigen Jahrhunderts als zentral, während es andererseits beeindruckend ist, in welchem großen Umfang sich die zeitgenössische Forschung unter modernen Gesichtspunkten dieser Problematik widmet. Das geht aus der außergewöhnlich großen Bibliographie hervor, die der Verf. zusammengestellt und bearbeitet hat. Das Ergebnis dieser Arbeit ist ein Text, in dem die Grundlagen und wesentlichen Ideen der Störungstechniken herausgestellt werden. Somit kann das Werk dazu dienen, ein überblickendes Verständnis für den Problemkreis zu vermitteln, wobei Hinweise auf das Literaturverzeichnis die Richtung für weitergehende Studien anzeigen. Das Verständnis wird durch eine heuristische Darstellungsweise gefördert, die oft zunächst Beispiele behandelt und die zu formulierenden Theoreme motiviert.

Der Stoff ist in fünf Kapitel gegliedert. Das erste hat die Theorie der kanonischen Transformationen und deren Verallgemeinerung zum Inhalt, wobei insbesondere auf den Zusammenhang mit LIE-Transformationen und LIE-Reihen eingegangen wird. Das zweite Kapitel dient zur Einführung der Methoden kanonischer Störungen und der iterativen Prozeduren, die für die Methoden der Mittelung von grundlegender Bedeutung sind. Bei diesen wird angenommen, daß die HAMILTONfunktion als mehrfache FOURIERreihe

$$H = \sum_j A_j(x) \exp i(jy)$$

in den Winkelvariablen $y_1 \dots y_n$ darstellbar ist ($j = (j_1 \dots j_n)$ = ganzzahlig). Betrachtet man in einem geeigneten Gebiet $H - H_0$ als Störung des integrablen Systems $H_0 = A_0(x)$, so schloß bereits POINCARÉ, daß die Störungsreihen für eine Menge von Frequenzen, die überall dicht ist, divergieren werden. Demgegenüber zeigte KOLMOGOROV, daß eine Frequenzmenge von nicht verschwindendem Maß existiert, für die Konvergenz herrscht, wobei indessen kein stetiger Übergang zwischen den konvergenten Fällen möglich ist. Mit diesen und anderen Konvergenzproblemen beschäftigen sich das dritte und vierte Kapitel. Das letzte Kapitel ist der Frage der nichtlinearen Resonanz gewidmet.

Dresden H.-G. SCHÖPF

W. Eckhaus, Matched Asymptotic Expansions and Singular Perturbations. (Mathematics Studies 6) 145 S. Amsterdam/London/New York 1973. North-Holland Publishing Company/Elsevier. Preis brosch. Dfl. 22,50.

Im Buch werden singuläre Störungsprobleme für Differentialgleichungen im Reellen unter geeigneten Randbedingungen betrachtet. Die Gleichungen sind vorwiegend vom Typ $\varepsilon L_1 \Phi + L_0 \Phi = h(x, \varepsilon)$, wobei L_1 ein Operator zweiter und L_0 ein Operator von höchstens erster Ordnung ist, x ein n-dimensionaler Vektor und ε der Störungsparameter. Mit Hilfe einer für $\varepsilon \to +0$ asymptotischen Skala $\delta_n(\varepsilon)$ werden aus der Differentialgleichung formale asymptotische Approximationen $\Phi_{as} = \sum_{n=0}^{m} \delta_n(\varepsilon)\, \Phi_n(x, \varepsilon)$ bestimmt, die regulär heißen, wenn die Φ_n von ε unabhängig sind. Wegen der Entartung der Differentialgleichung für $\varepsilon = 0$ kann Φ_{as} nicht alle Randbedingungen erfüllen. Aus diesem Grunde substituiert man x in der Grenzschicht, d. h. in der Umgebung derjenigen Punkte, in denen die Randbedingungen nicht erfüllt sind, durch eine neue lokale Variable ξ, durch die die Grenzschicht „gestreckt" wird. Jetzt lassen sich für die zugehörige Grenzschichtgleichung analog asymptotische Approximationen aufstellen, die lokalen Approximationen, und im letzten Schritt werden die verschiedenen Approximationen aneinander „angepaßt".

Der Wert des Buches besteht in einer Fülle von praktischen Hinweisen, wie man die lokalen Variablen finden kann und die abschließende Anpassung durchzuführen hat, wobei auf mögliche Schwierigkeiten und ihre Überwindung besonders eingegangen und die Güte der erreichten Approximationen durch Vergleich mit bekannten geschlossenen Lösungen demonstriert wird. Alle Aussagen werden durch geschickt gewählte Beispiele und Gegenbeispiele erläutert, wobei sowohl gewöhnliche Differentialgleichungen mit konstanten Koeffizienten als auch „turning point problems", nichtlineare Fälle und partielle Differentialgleichungen vom elliptischen Typ herangezogen werden.

Leider beschränkt sich Verf. dabei völlig auf die Konstruktion von formalen asymptotischen Approximationen. Im Gegensatz zu den Büchern „Asymptotic expansions for ordinary differential equations" (1965) von W. WASOW und „Asymptotische Darstellungen und Entwicklungen" (1968) vom Ref., die beide nicht zitiert werden, findet man in dem vorliegenden Buch keinen allgemeinen Satz über den Zusammenhang zwischen den formalen Approximationen und den Lösungen. Auch die zahlreichen Definitionen des Verf. dürften noch nicht völlig ausgereift sein.

Rostock L. BERG

Hrsg. **M. Hoffmeister** und **J. Förste,** Beiträge zur Turbulenzforschung und Meßtechnik. (Schriftenreihe d. ZIMM b. d. AdW, Heft 17). 149 S. m. 164 Abb. Berlin 1973. Akademie Verlag. Preis brosch. 36,– M.

Das vorliegende Heft 17 der Schriftenreihe des Zentralinstituts für Mathematik und Mechanik bei der Akademie der Wissenschaften der DDR vereint fünf Aufsätze, von denen die vier ersten unmittelbar ins Gebiet der Turbulenzforschung fallen. Dem fünften Beitrag, einer rein mathematischen Untersuchung von G. SEIFERT und H. GRÜTZNER „Über die Auswirkung von Rundungsfehlern bei der Bestimmung von Erwartungswerten stetiger Zufallsgrößen" kommt eine die Grenzen der Turbulenzforschung überschreitende Bedeutung zu. In diesem Beitrag wird studiert, wie sich der Erwartungswert einer stetigen (physikalischen) Zufallsgröße vom Erwartungswert einer ihr durch „Quantisierung" zugeordneten unstetigen (gemessenen) Zufallsgröße unterscheidet. Dieser Unterschied spielt bei allen Messungen von Zufallsgrößen mit digitaler Meßwertangabe eine Rolle.

Die beiden ersten Beiträge zu dem Heft sind Druckfassungen von Vorträgen, der vierte, umfangreichste Beitrag ist die leicht gekürzte Fassung einer Dissertation. In dem von M. HOFFMEISTER verfaßten ersten Beitrag „Zur linearen und quadratischen Approximation des räumlichen Eichverhaltens von Hitzdrahtsonden" geht es um eine sorgfältige Abschätzung und Diskussion der beim Standardverfahren zur Messung turbulenter Strömungsgrößen auftretenden Fehler. Vom Turbulenzgrad abhängige Schranken für die Zulässigkeit der linearen und quadratischen Approximation der Hitzdraht-Kennlinie werden angegeben. Der folgende Aufsatz von F. KLATT über „Experimentelle Untersuchung über das Abklingverhalten des Wirbelfeldes hinter einem Schwinggitter" zeigt, daß die durch ein harmonisch schwingendes Profilgitter erzeugte Turbulenz bedeutend langsamer mit der Entfernung vom Gitter abklingt und zudem mit weniger Energieaufwand zu erzeugen ist als die Turbulenz hinter einem stationären Stabgitter. Das Schwinggitter eignet sich daher besonders gut für eine rasche turbulente Grobdurchmischung auf kleinem Raum und dürfte sich daher bei manchen Aufgaben der Praxis mit Vorteil anwenden lassen. Die theoretisch-experimentelle Dissertation von K. REMKE über „Untersuchungen zum pulsierenden, turbulenten Freistrahl" ist insofern mit der vorwiegend experimentellen Untersuchung von KLATT verwandt, als auch hier einer stationären turbulenten Grundströmung harmonische Schwankungen überlagert sind. Die Überlagerung harmonischer Schwankungen über die mittlere Axialgeschwindigkeit des Strahls führt zu seiner raschen Vermischung mit der Umgebung; dies wird als Folge der Wechselwirkung der harmonischen Schwankungen mit den größten Turbulenzwirbeln interpretiert. Der Schwankungsanteil an der turbulenten Bewegung klingt übrigens stromabwärts rasch ab. Im dritten Beitrag behandelt H. LIMBERG „Die Diffusion von Gasen in turbulente und laminare Rieselfilme". In dieser theoretischen Arbeit wird die Diffusionsgleichung unter Einbeziehung der Konvektion und der turbulenten Diffusion gelöst. Ein Separationsansatz führt dabei auf ein STURM-LIOUVILLEsches Eigenwertproblem. Die numerischen, in Diagrammen und Tabellen dargestellten Ergebnisse zeigen, wieviel schneller als der laminare Film der turbulente Film das Gas absorbiert.

Diese Sammlung von Aufsätzen wird vorwiegend für diejenigen Leser wichtig sein, die sich experimentell mit der Turbulenz befassen. Sie kann aber auch manchen Theoretikern Anregung geben.

Darmstadt E. BECKER

Ed. **P. Jagers/L. Rade,** Mathematics and Statistics 121 S. Göteborg 1973. University/Department of Mathematics, Chalmers Institute of Technology. Preis brosch. 35 Skr.

Bei der vorliegenden Ausgabe handelt es sich um einen Sammelband zu Ehren des bekannten schwedischen Mathematikers Professor HARALD BERGSTRÖM aus Anlaß seines am 1. April 1973 begangenen 65. Geburtstages. Dem Band ist eine Übersicht über die (insgesamt 45) Veröffentlichungen H. BERGSTRÖMS vorangestellt, die zunächst (ab 1937) besonders die Theorie der Zahlkörper und Erweiterungen ABELscher Gruppen betreffen und mit einer ersten Arbeit zum zentralen Grenzwertsatz (1944) die schrittweise Hinwendung zur Wahrscheinlichkeitstheorie und Mathematischen Statistik deutlich machen.

Der Sammelband enthält 10 interessante mathematische Arbeiten, deren Verfasser zum Teil zu den unmittelbaren Schülern von H. BERGSTRÖM zählen (S. HOLM: Asymptotic power and expelted sample size of SPR-tests in one parameter exponential families, P. JAGERS: A limit theorem for sumes of random numbers of i.i.d. random variables, O. KALLENBERG: A canonical representation of symmetrically distributed random measures, M. RUDENO: On a random transformation of a point process to a Poisson process) und namhafte Vertreter der Wahrscheinlichkeitstheorie und Mathematischen Statistik sind (E. S. ANDERSEN: On the equivalence principle in fluctuation theory, E. LUKACS: A characterisation of the multi-variate negativ binomial distribution, A. PRÉKOPA: A note on logarithmic concave measures, M. RAO: Note on spherical harmonics, R. SAVAGE: Incomplete contingency tables-conditions for the existence of unique MLE, V. V. YURINSKII: Summing variances in L_p).

Dresden W. WINKLER

Spline Functions and Approximation Theory. (ISNM, Vol. 21). Proceedings of the Symposium held at the University of Alberta, Edmonton, 29 May to 1 June 1972. 386 S. Basel/Stuttgart 1973. Birkhäuser Verlag. Preis geb. sfr. 64.—.

Im vorliegenden Buch sind die Vorträge, die auf der o. g. Tagung von namhaften Mathematikern aus Kanada, den USA und Europa gehalten wurden, zusammengefaßt worden. Beim Lesen des Buches wird einmal mehr deutlich, wie breit die Anwendungsmöglichkeiten der Splinefunktionen in der Approximationstheorie sind und wie viele Probleme in dieser Disziplin bisher noch nicht untersucht wurden.

R. DE BOOR beschäftigt sich beispielsweise mit Fragen der guten Approximation durch Splinefunktionen mit freien Knoten. Er beschreibt Methoden, um ein relativ gutes, wenn auch kein bestes Knotennetz für die Approximation einer gegebenen Funktion zu erhalten. T. LYCHE und L. L. SCHUMAKER untersuchen Konvergenzfragen zur kubischen Spline-Interpolation. Sie beschränken sich dabei auf die sogenannte Typ-I-Kubik-Spline-Interpolation. Neben positiven Ergebnissen zeigen sie auch Grenzen der Interpolationstheorie durch Splinefunktionen auf. M. MUNTEANU gibt drei Methoden zur Konstruktion einiger wichtiger Klassen von mehrdimensionalen Splinefunktionen an (Variationsmethode, Methode nach ANSELONE/LAURENT, Methode nach GORDON). Die behandelten Klassen von Splinefunktionen sind Spezialfälle der in einer früheren Veröffentlichung allgemeiner definierten Interpolations-Glättungs-Splinefunktionen. A. MEIR und A. SHARMA leiten Fehlergrenzen für bestimmte Klassen von Quintic-Splines bei der sogenannten (0, 2)-Interpolation ab, d. h. neben Funktionswerten werden auch zweite Ableitungen an vorgegebenen Stützstellen erfaßt. Besonders erwähnt werden soll der Vortrag von I. J. SCHOENBERG, der umfassend die Anwendung der finiten Spline-Interpolation auf Histogramme in einer und zwei Dimensionen untersucht. C. DE BOOR stellt, darauf aufbauend, für das zweidimensionale Problem einen anderen Zugang vor.

Neben den bereits zitierten Vorträgen, die das Arbeitsgebiet des Referenten stärker berühren, enthält der Symposiumsbericht folgende Beiträge: H. BERENS: Pointwise Saturation; C. DAVIS: A Combinatorial Problem in Best Uniform Approximation; R. DE VORE and F. RICHARDS: Saturation and Inverse Theorems for Spline Approximation; Z. DITZIAN and C. P. MAY: Saturation Classes for Exponential Formulas of Semi-Groups of Operators; J. L. FIELDS and M. E. ISMAIL: On Some Conjectures of Askey Concerning Completely Monotonic Functions; P. M. GAUTHIER: Une application de la theorie de l'approximation a l'etude des fonctions holomorphes; J. W. JEROME: Linearization in Certain Nonconvex Minimization Problems and Generalized Spline Projections; T. S. MOTZKIN, A. SHARMA and E. G. STRAUS: Averaging Interpolation; A. M. OSTROWSKI: On Error Estimates a Posteriori in Iterative Procedures; E. G. STRAUS: Real Analytic Functions as Ratios of Absolutely Monotonic Functions; R. DE VORE: Inverse Theorems for Approximation by Positive Linear Operators; P. D. MORRIS and E. W. CHENEY: Stability Properties of Trigonometric Interpolation Operators; R. S. VARGA: CHEBYSHEV Semi-Discrete Approximation for Linear Parabolic Problems.

Es ist erfreulich, daß der BIRKHÄUSER-Verlag auch dieses Buch in bewährter Weise schnell und in guter Qualität dem interessierten Leser zugänglich gemacht hat.

Dresden H. METTKE

F. W. Schäfke/D. Schmidt, Gewöhnliche Differentialgleichungen. (Heidelberger Taschenbücher, Bd. 108). VIII + 163 S. Berlin/Heidelberg/New York 1973. Springer-Verlag. Preis brosch. DM 14,80.

Das Buch ist aus Vorlesungen und Übungen entstanden, die die Verfasser für Studierende mittlerer Semester gehalten haben. Es richtet sich daher vor allem an Leser mit algebraischen und funktionalanalytischen Kenntnissen mit dem Ziel, ihnen eine kurze, jedoch fundierte, klare und moderne Darstellung der Theorie der gewöhnlichen Differentialgleichungen zu geben.

Wie gut den Verfassern dies gelingt, deutet schon die folgende Inhaltsübersicht an: Das mit „Elementare Integrationsmethoden" überschriebene 1. Kapitel behandelt die wichtigsten Typen von elementar lösbaren Differentialgleichungen 1. Ordnung. Trotz der Kürze der Darstellung beschränken sich die Autoren nicht auf eine bloße Angabe der verschiedenen Lösungsmethoden; vielmehr erörtern sie — das 2. Kapitel systematisch vorbereitend — z. B. bereits hier die Frage nach Existenz und maximalem Existenzintervall der Lösung.

Im 2. Kapitel werden für explizite Differentialgleichungen oder -gleichungssysteme Existenzaussagen dadurch gewonnen, daß man sie als explizite Differentialgleichungen 1. Ordnung für BANACH-Raum-wertige Funktionen auffaßt und die Existenz der Lösung mit Hilfe von Fixpunktsätzen untersucht. Auf diese Weise gewinnt man mit dem BANACHschen Fixpunktsatz mit verallgemeinerter Kontraktionsbedingung den Existenz- und Eindeutigkeitssatz von PICARD-LINDELÖF für reelle und komplexe Differentialgleichungen in (B)-Räumen, mit dem SCHAUDERschen Fixpunktsatz den

Existenzsatz von PEANO. Neben Fragen der lokalen Existenz und Eindeutigkeit wird dem Problem der Fehlerabschätzung, der globalen Abhängigkeit der Lösung von Anfangswerten und Parametern sowie der Gewinnung und Untersuchung von Lösungen mit maximalen Existenzintervallen Aufmerksamkeit geschenkt. Als neuestes Forschungsergebnis stellen die Verfasser einen Eindeutigkeitssatz vor, in den sich die Eindeutigkeitssätze von W. WALTER und E. KAMKE einordnen lassen.

In den Kapiteln 3 und 4 wird die Theorie der linearen Differentialgleichungen im Reellen und Komplexen entwickelt. Hierbei sei besonders auf die Vorzüge der von den Autoren gewählten modernen Darstellungsmethode hingewiesen: Die zunächst für (B)-Algebren gewonnenen Aussagen (z. B. über die Struktur des Fundamentalsystems) lassen sich in völlig analoger Weise für reelle und komplexe Differentialgleichungen in (B)-Räumen formulieren. Deduktiv werden daraus Sätze speziell für lineare Differentialgleichungssysteme 1. Ordnung, lineare Differentialgleichungen höherer Ordnung bis hin zu den linearen Differentialgleichungen mit konstanten Koeffizienten abgeleitet. Darüber hinaus wird im Kapitel 4 insbesondere auf die Theorie der einfachen Singularitäten bei komplexen Differentialgleichungen eingegangen, die wiederum zunächst recht allgemein entwickelt und dann auf lineare Differentialgleichungen höherer Ordnung und speziell auf die bekannten FUCHSschen Differentialgleichungen 2. Ordnung angewandt wird.

Hervorzuheben sind noch die in einem Anhang zusammengestellten Übungsaufgaben. Sie sind zwar nicht mit Lösungen, aber in vielen Fällen mit einer Anleitung versehen und geben dem Leser einerseits die Möglichkeit, das erworbene Wissen an Routineaufgaben zu erproben, andererseits wollen sie ihn anregen, sich weitere theoretische Kenntnisse zu erwerben.

Das Buch schließt mit einem etwas kurzen Literatur-, einem Abkürzungs- und einem Namen-/Sachverzeichnis.

Jedem an der Theorie der gewöhnlichen Differentialgleichungen Interessierten wird die Lektüre dieses Buches sicher gewinnbringend sein.

Dresden S. SCHOLZ

Die besprochenen und angezeigten Bücher sind durch den Buchhandel zu beziehen.

EINGEGANGENE BÜCHER

Bei der Schriftleitung sind folgende Bücher eingegangen (ausführliche Besprechung bleibt vorbehalten).

S. A. Gaal, Linear Analysis and Representation Theory. (Die Grundlehren d. math. Wissenschaften in Einzeldarstellungen, Band 198). IX + 688 S. Berlin/Heidelberg/New York 1973. Springer-Verlag. Preis geb. DM 124,–.

L. D. Landau / E. M. Lifschitz, Lehrbuch der Theoretischen Physik. Band IVb. Relativistische Quantentheorie. 260 S. m. 10 Abb. Berlin 1973. Akademie-Verlag. Preis geb. 22,– M.

P. Gombas / D. Kisdi, Wave Mechanics and its Applications. 235 S. m. 36 Fig. Budapest 1973. Akadémiai Kiado. Preis geb. Ft. 130,–.

T. Gal, Betriebliche Entscheidungsprobleme, Sensitivitätsanalyse und parametrische Programmierung (Operations Research). 330 S. m. Abb. Berlin/New York 1973. Walter de Gruyter & Co. Preis geb. DM 96,–.

A. Kaufmann / R. Faure, Methoden des Operations Research. (Operations Research). 276 S. m. Abb. Berlin/New York 1973. Walter de Gruyter & Co. Preis geb. DM 48,–.

H. Heyer, Mathematische Theorie statistischer Experimente. XVIII + 2/9 S. Berlin/Heidelberg/New York 1973. Springer-Verlag. (Hochschultext). Preis geb. DM 19,80.

P. H. Müller / P. Neumann / R. Storm, Tafeln der mathematischen Statistik. (Mathematik für Ingenieure). 275 S. m. 20 Bildern, zahlr. Tafeln u. Tab. Leipzig 1973. VEB Fachbuchverlag. Preis geb. 24,– M (DDR-Preis 18,– M).

Tyn Myint-U., Partial Differential Equations of Mathematical Physics. XIV + 365 S. m. Fig. New York/London/Amsterdam 1973. American Elsevier Publishing Company, Inc., Preis geb. Dfl. 43,50.

A. V. Gladkij / I. A. Mel'cuk, Elemente der mathematischen Linguistik (Studienbücherei). 163 S. m. 10 Abb. u. 4 Tab. Berlin 1973. VEB Deutscher Verlag der Wissenschaften.

Hrsg. **S. Flügge,** Handbuch der Physik. Festkörpermechanik 1. Gruppe 3: Mechanisches u. thermisches Verhalten der Materie. Band 6a, Teil 1. VIII + 813 S. m. 481 Fig. Berlin/Heidelberg/New York 1973. Springer-Verlag Preis geb. DM 198,40.

J. Swoboda, Codierung zur Fehlerkorrektur und Fehlererkennung. 153 S. m. 39 Abb. u. 24 Tab. München/Wien 1973. R. Oldenbourg Verlag. Preis brosch. DM 28,–.

A. Vazsonyi, Vom Problem zum Computerprogramm mit PL/I. 612 S. m. 472 Abb. München/Wien 1973. R. Oldenbourg Verlag. Preis geb. DM 98,–.

J. L. Willems, Stabilität dynamischer Systeme. 235 S. m. 76 Abb. München/Wien 1973. R. Oldenbourg Verlag. Preis brosch. DM 64,–.

K. Magnus / H. H. Müller, Grundlagen der Technischen Mechanik. (Teubner Studienbücher Mechanik). 300 S. m. Abb. Stuttgart 1973. B. G. Teubner. Preis brosch. DM 24,–.

L. Arnold, Stochastische Differentialgleichungen. Theorie und Anwendung. 239 S. m. 10 Abb. München/Wien 1973. R. Oldenbourg Verlag. Preis brosch. DM 65,–.

B. N. Pschenitschny, Notwendige Optimalitätsbedingungen. 152 S. Übers. a. d. Russ. München/Wien 1973. R. Oldenbourg Verlag. Preis brosch. DM 16,–.

Bestellungen sind an das zuständige Postamt oder eine Buchhandlung zu richten, Bestellungen aus dem Ausland an die Firma Buchexport, Volkseigener Außenhandelsbetrieb der DDR, 701 Leipzig, Leninstr. 72, oder direkt an den Akademie-Verlag, DDR-108 Berlin, Leipziger Str. 3–4

Herausgeber und Hauptschriftleiter: Prof. Dr.-Ing. habil. Dr. techn. h.c. H. Heinrich, 8027 Dresden, Friedrich-Hegel-Str. 31. Verlag: Akademie-Verlag, DDR-108 Berlin, Leipziger Straße 3–4; Fernsprecher: 220441, Telex-Nr. 112020, Postscheckkonto: Berlin 35021. Bestellnummer dieses Heftes: 1009/54/5. Die Zeitschrift für Angewandte Mathematik und Mechanik erscheint jährlich mit 12 Heften, einschließlich Tagungsheft. Bezugspreis je Heft 22,– M (Sonderpreis für die DDR 18,– M); Bezugspreis eines Bandes 264,– M zuzüglich Versandkosten (Sonderpreis für die DDR 216,– M). Veröffentlicht unter Lizenznummer 1282 des Presseamtes beim Vorsitzenden des Ministerrates der Deutschen Demokratischen Republik.
Gesamtherstellung: VEB Druckerei „Thomas Müntzer", 582 Bad Langensalza
Printed in the German Democratic Republic.

FSC
www.fsc.org
MIX
Papier | Fördert gute Waldnutzung
FSC® C083411

Zeitfracht Medien GmbH
Ferdinand-Jühlke-Straße 7
99095 Erfurt, Deutschland
produktsicherheit@kolibri360.de